황제도 탈모는 무서워

가발, 운명을 바꾸다

황제도 탈모는 무서워

초판 1쇄 인쇄 _ 2022년 12월 20일
초판 1쇄 발행 _ 2022년 12월 25일

지은이 _ 전서현

펴낸곳 _ 바이북스
펴낸이 _ 윤옥초
책임 편집 _ 김태윤, 박하원
책임 디자인 _ 이민영, 이정은
ISBN _ 979-11-5877-331-1 03590

등록 _ 2005. 7. 12 | 제 313-2005-000148호

서울시 영등포구 선유로49길 23 아이에스비즈타워2차 1005호
편집 02)333-0812 | **마케팅** 02)333-9918 | **팩스** 02)333-9960
이메일 bybooks85@gmail.com
블로그 https://blog.naver.com/bybooks85

책값은 뒤표지에 있습니다.
책으로 아름다운 세상을 만듭니다. — 바이북스

미래를 함께 꿈꿀 작가님의 참신한 아이디어나 원고를 기다립니다.
이메일로 접수한 원고는 검토 후 연락드리겠습니다.

가발, 운명을 바꾸다

황제도 탈모는 무서워

전서현 지음

바이북스
ByBooks

오래된 대중가요 중에 〈대머리 총각〉이라는 곡이 있을 정도로 탈모는 예나 지금이나 많은 사람들, 특히 남성들의 고민입니다. 하지만 이제는 개그 프로그램에서조차 탈모를 놀리는 것을 조심할 정도로 인식이 크게 변화되었습니다. 안타까운 점은 그만큼 그로 인해 고통이 적지 않다는 뜻이기도 하다는 것입니다.

지난 대선에서 탈모치료제를 의료보험 수급대상으로 넣을 것인가에 대한 공약을 두고 논란이 있었습니다. 우리 사회가 탈모를 어떻게 인식하고 있는가를 잘 나타내는 시금석이었습니다. 당사자들은 심리적으로뿐만 아니라 금전적인 고통까지 겪을 정도로 절체절명의 문제지만, 탈모를 겪지 않는 사람들에게는 단순히 미용에 관한 일이라 불필요하다는 입장이 맞섰습니다.

이렇듯 누군가에게는 인생이 걸린 문제인데, 탈모약을 먹는 것도 가발을 쓰는 것도 쉽지 않은 게 현실입니다. 언젠가 그 사실을 공개

했을 때 후폭풍까지 고려한다면 더욱 막막할 수밖에 없습니다. 그렇기 때문에 전문가로부터 지인까지 여러 사람에게 정보를 얻기보다는 알음알음으로 대처하기 쉽습니다.

아직은 가발업이 대중화되지 않아 사람들이 가발을 구매할 때 기본적인 정보 없이 선택하고 있는 것이 현실입니다. 특히 '가발'이라는 품목에 대해선 희화화된 게 많은 터라 어떤 점에 우선적인 기준을 두어 가발을 선택해야 할지 모르는 채로 결정을 합니다. 지난 12년간 많은 고객님들과 상담하면서 가발이나 머리카락에 대해 금전적인 문제 혹은 그동안 탈모로 겪은 심적 고통으로 인해 고군분투하는 모습을 보아왔습니다.

이 책은 그러한 불만과 불안을 조금이나마 해소하실 수 있도록 돕기 위한 책입니다.

처음 가발을 착용하는 분들에게 길잡이 역할을 하며, 가발을 착용하지 않았지만 가발에 대한 정보를 알고 싶은 분들에게 도움이 되리라 생각합니다. 다만, 염려되는 것은 가발업에 종사하는 분들이 가지고 있는 정보를 대중화시킴으로써 그분들의 생계에 타격이 오지 않을까 하는 것입니다.

그러나 세상은 정보의 대중화를 통해 더 많은 가치를 창출하고 공유하는 방향으로 나아가고 있습니다. 마찬가지로 이 책이 가발업에 종사하는 많은 분들에게도 분명 더 큰 도전과 도움이 될 것이라 생각합니다. 개인적인 차원에서는 이 책을 통해 제가 종사하는 업에 더욱 자부심을 느끼고 선한 영향력을 나누며 사회에 도움이 되는 사람으로 성장하고자 합니다. 이 책은 제 인생을 바꾸는 출발점이자, 누군가의 운명을 바꿀 수 있는 시작점이라 생각합니다.

끝으로 이 책은 전문서적은 아니나, 그동안 경험해온 내용을 바탕으로 집필하여 피부에 바로 와닿는 글과 현실적인 조언, 그리고 진심이 덧붙여져 있다고 생각해주시면 좋을 것 같습니다. 감사합니다.

2022년 10월 9일
까치소리와 함께하는 이른 아침에 서현 올림

차례

Chapter 2 가발의 유래 및 가발의 모든 것

Chapter 3　가발의 대안

Chapter 4 가발 착용 성공 사례 및 상담 사례

Chapter 5 탈모 상식

Chapter 6 탈모 예방에 좋은 생활 습관

 Chapter 7 본머리 관리 방법

Chapter 8 가발과 함께 성장한 나의 이야기

Chapter 1

그깟 털이 뭐라고?

우리 모두는 각각의 트라우마를 지닌 채 살아가고 있다. 누군가는 최고만이 살아남는 살벌한 세상 이치가 평범한 우리를 실패한 인간으로 만들어버리는 경쟁사회 속에서의 트라우마를 안고 있으며, 다른 누군가는 자신에게 너무 많은 기대와 바람을 가진 엄격한 아버지로 인해 두려움과 긴장감을 갖고 살아가는 '아버지'라는 트라우마를 안고 있기도 하다. 어린 시절부터 지금까지 겪은 실패, 거절, 다툼과 같이 일상적인 사건에서부터 교통사고, 학대, 재해에 이르기까지 우리는 크고 작은 트라우마를 짊어지고 있다.

내재해 있던 트라우마는 어느 순간 다양한 모습으로 발현되어 나를 괴롭히곤 한다. 수많은 종류의 트라우마 중 '털에 대한 상처' 역시 큰 사회적 어려움으로 나타난다. 실제 탈모증상이 나타나면 사람들은 엄청난 스트레스를 받게 되고, 탈모 자체만으로도 자신감이 떨어지며 우울증이 심해져 삶의 질마저 저하된다.

탈모인의 트라우마 사례

신입사원 공개채용 면접장에서 잔뜩 긴장한 채로 면접관의 질문에 대답하고 있다. 어쩌나 긴장되는지 이마에 땀이 송골송골 맺힌다. 나도 모르게 스윽 땀을 닦아내는데, 손바닥에 거무튀튀한 흑채가 묻어나온다. 아뿔싸! 속으로 '이마에도 흑채가 묻었나?' 생각하는데 아니나 다를까 왠지 면접관이 나를 유심히 쳐다보는 듯하다. 최선을 다해 답변은 끝냈지만 계속 진땀이 난다. 황급히 주먹을 쥐고 흑채 묻은 손바닥을 숨기는 사이에 다음 지원자가 자신감 있게 말을 시작한다. '설령 떨어져도 머리 때문은 아닌 건데, 그건 맞는데…' 탈모가 전역 무렵부터 서서히 진행되더니 이제는 누가 봐도 이마가 M자형으로 벗어졌다. 면접날이랍시고 특별히 신경 써서 도전해본 흑채가 도리어 방해가 되다니. 면접을 준비하면서 흑채 사용도 한번이라도 연습을 해볼 걸 그랬다.

사례 2 : 드라마 속의 한 장면

고급 식당의 상견례 자리, 그런데 분위기가 영 심상치 않다. 아무리 뜯어봐도 사돈네가 도저히 마음에 들지 않는지 장인이 "이 결혼 반댈세." 외치며 자리를 박차고 일어선다. 일어서면서 앞에 있던 밥상이 엎어지니 격분한 사돈이 장인의 머리채를 움켜잡아 이내 상견례 자리가 난장판이 된다. 화장실로 냉큼 자리를 피한 장인이 거울을 본다. '집안 행사에 젊어 보이려고 가뜩이나 큰맘 먹고 모발 이식 시술을 받은 지 얼마 안 됐는데…' 이제야 자리를 잡고 새로운 터전에 막 뿌리 내린 천만 원짜리 이식 모발이 통째로 뜯겨버렸다. 매무새를 정돈하는 손에 머리카락이 한 움큼 잡혀나온다. 몇 가닥 없던 머리카락도 뽑혀버렸네. 아, 피눈물이 난다. 우리 딸 결혼도 결혼대로, 내 머리도 머리대로 되는 게 없구나!

사례 3 : 단편영화 〈털〉의 한 장면

'내가 사랑하는 그녀는 왜 김 대리와 놀아나는 것일까? 다른 사람에겐 있는데 나에겐 없는 것, 상남자의 느낌을 주는 가슴의 털 때문일까? 털이 없는 운명은 가혹하다. 그러고 보니 털은 사랑이고 권력이며 철학인 듯하다. 오늘도 발모제를 가슴에 치덕치덕 발라본다.'

단편영화 〈털〉의 주인공 이야기이다. 발모제의 효과로 원하던 가슴털을 갖게 됐지만 그녀는 여전히 주인공이 아닌 김 대리와 함께다. 다른 사람에 비해 털이 좀 없다는 것, 이 콤플렉스를 극복하기 위한 이들의 노력은 처절하다.

사례 1에서 면접장 내 지원자가 '설령 떨어져도 머리 때문은 아닌 건데, 그건 맞는데…' 하고 생각한 것처럼 모든 문제가 '털' 때문만은 아니지만 털은 '트라우마' 그 자체로 작용하기도 한다.

세 사람의 '털' 고민에 어떤 이들은 공감할 것이고, 또 어떤 이들은 '그깟 털이 뭐라고' 생각하며 웃어 넘겼을 것이다. 우리는 털에 관한 고민의 해법을 모색하면서 동시에 털로 인해 크고 작은 트라우마를 가지게 된 과거와 오늘날의 자신과도 진지하게 마주해야 한다. 그래야 문제의 본질이 보인다. 당신에게 '털'은 어떤 의미인가?

황제도 대머리는 무서웠다

남자의 털은 종종 생명력을 상징한다. 그리스 로마 신화 속에서 남성의 머리털은 힘찬 활기, 생명력, 고도의 의지력 등을 의미한다. 태양빛을 향해 땅을 뚫고 올라오는 풀과 같은 강한 힘, 생명 그 자체를 은유하곤 한다. 그래서 털을 잃을까 두려워하는 마음은 본능에 가깝다. 털은 삶의 질을 좌지우지한다. 이처럼 머리털과 관련하여 유명한 일화를 지닌 세 사람이 있다.

삼손의 이야기

첫 번째 일화는 성경에 등장하는 삼손의 이야기다. 삼손을 잉태했을 때 그의 부모 앞에 천사가 나타난다. 천사는 '너희가 아들을 낳을 것이다. 그 아들은 태어날 때부터 나실인이다. 그 머리칼을 깎지 말라'는 예언과 경고를 남긴다. '나실인'이란 '하나님 앞에 바쳐져 헌신하는 사람, 따로 구별된 자'를 의미한다. 당시엔 남자는 머리를 깎고, 여자는 머리를 기르는 것이 세상의 질서였다. 그런데 삼손은 하나님 앞에 바쳐지도록 따로 구별되었기 때문에, 남자임에도 불구하고 머리를 자르지 못하게끔 예외가 된 것이다.

한편, '삼손'이란 이름은 '강한 자'를 뜻했다. 삼손의 임무는 그의 이름처럼 강한 힘을 발휘하여 이스라엘을 블레셋으로부터 구하는 것이었다. 그는 절대 머리를 자르지 않음으로써 막강한 힘을 발휘할 수 있었다.

그런 삼손이 시간이 지나면서 나실인으로서 금해야 할 일들을 모두 저지르게 된다. 그 중 하나는 이스라엘이 아닌 블레셋, 즉 적국 여인 델릴라와의 결혼이었다. 삼손의 힘을 두려워하던 블레셋인들은 그의 괴력이 어디에서 나오는지 알기 위해 삼손의 아내 델릴라를 회유한다. 델릴라의 거듭된 물음에 삼손은 결국 비밀을 누설하게 된다.

이윽고 삼손은 힘의 원천인 머리카락이 잘려나가 힘을 잃고 끝내 블레셋인에게 두 눈까지 잃게 된다. 하지만 고난을 겪는 중에도 삼손의 머리칼은 자라났고, 마침내 삼손은 다시 회복하여 이교도의 신전을 무너뜨리는 복수 후에 장렬한 최후를 맞는다.

삼손에게 머리카락은 어떤 의미였을까? 자기 자신의 자랑이자 무기, 정체성 그 자체였던 머리카락으로 인해 오히려 고난을 당하게 된 아이러니! 스페인 작가 발타자르 그라시안은 세상 일에 대해 다음과 같이 말했다.

"매사에는 양면이 있다. 가장 좋고 유리한 것도 그 칼날 쪽을
붙들면 고통이 되고 반대로 불리한 것이라도 그 손잡이를 잡으면
방패가 된다."

좋은 것을 보고 기뻐하는 것도 시간이 지나면 슬픔이 될 수도 있
으니, 어떤 일에 대해 과하게 좋아하지도 싫어하지도 않고 가능하면
평정심에 머무르라는 말이 생각난다.

최익현 이야기

두 번째 일화는 조선 후기의 인물인 최익현의 이야기이다. 최익
현은 1868년 경복궁 중건과 당백전 발행에 따른 재정 파탄 문제를
들어 흥선대원군의 실정을 상소하고 관직을 삭탈당했다. 또한 일본
과의 통상조약과 단발령에 격렬하게 반대했으며, 1905년 을사늑약
이 체결되자 항일의병운동 전개를 촉구하며 의병활동을 한 독립운
동가로 알려져 있다.

조선 개국 504년 11월 15일, 건양원년建陽元年 1월 1일을 기하여
양력이 도입된 동시에 전국에 단발령이 내려졌다. 일본의 강요에 의
해 고종이 먼저 서양식으로 머리를 깎았으며, 내부대신 유길준은 고

시를 내려 관리들로 하여금 가위를 들고 거리나 성문 등에서 강제로 백성들의 머리를 깎게 했다.

선비들은 신체발부 수지부모身體髮膚 受之父母라는 고사성어에 담긴 '몸과 머리털과 피부는 부모에게서 받은 것이니 감히 이를 훼손하지 않는 것이 효도의 시작'이라는 유교의 가르침을 들어 단발령에 반대하였고, 최익현은 "내 목을 자를 수 있지만, 내 머리카락은 절대 자를 수 없다"며 단발령 반대를 비롯한 항일 운동에 완강하게 앞장섰다.

최익현에게 머리카락은 어떤 의미였을까? 자신의 몸 전체이자, 부모에게 효도하는 마음의 전부였으며, 더 나아가서 나의 나라이자 나의 민족이지 않았을까? 자신의 목숨을 내놓더라도 머리카락은 자를 수 없다는 그의 기개로 말미암아 항일운동이 본격적으로 전개되는 데 이르렀다. 그의 강직함에 대한 일화가 대대손손 전해지면서 오늘날 머리카락은 최익현의 상징이 되었다.

율리우스 카이사르 이야기

세 번째 일화의 인물은 클레오파트라의 연인 율리우스 카이사르이다. 카이사르는 고대 로마의 정치인이자 군인, 성직자, 저술가로, 서구권에서 황제 개념의 시초가 된 인물이다. 사실 카이사르 본인은 황제가 된 적이 없다. 그의 카이사르라는 성씨는 양자이자 정치적 상속자인 아우구스투스에게 그대로 전해졌는데, 이후 그의 성씨가 '황제'라는 그들 일가의 실질적 시조이자 정통성의 근거로 인정 받게 되고, '카이사르'라는 성씨는 정치적 수단으로 이용되기 시작했다.

그는 삼두정치를 통해 로마를 통치했으며, 갈리아를 정벌하고 정적인 폼페이우스와의 내전에서 승리하여 자신에게 권력을 집중시켰으나 원로원에서 암살당했다. 카이사르로 인해 로마 공화국은 막을 내리고, 카이사르의 후계자인 아우구스투스에 의해 제정으로 변모해 로마 제국이 되었다. 그는 프톨레마이오스 왕조의 내전에 개입하면서, 세계에서 가장 부유한 도시 알렉산드리아를 거쳐가게 된다. 그리고 신비스러운 문화와 마주친 그곳에서 알렉산드리아의 딸인 클레오파트라와 사랑에 빠지게 된다.

카이사르라는 이름의 유래에 대해서는 두 가지 속설이 있다.

첫 번째 속설에서는 카이사르라는 이름을 카이사리에스Caesaries의 변형으로 본다. 이 단어는 '풍성한 머리를 가진'이란 뜻으로, 아마도 율리우스 카이사르의 조상 중 한 명이 태어났을 때부터 풍성한 배냇머리를 가지고 있어서 붙었을 것이라 추측된다. 반대로, 집안 남자들에게 계속 대머리가 유전되다 보니 희망사항으로 붙인 이름이라는 주장도 있다. 카이사르가 대머리였다는 기록을 보면 상당한 개연성이 있다. 카이사르는 율리우스 가문의 씨족 중 한 개의 이름, 즉 코그노멘Cognomen으로 주로 먼 조상 중 한 명의 별명에서 유래한 이름이다. 코그노멘에는 시조들의 신체적 특징을 담는 경우가 많아 신빙성이 높은 가설이라고 할 수 있다.

다른 속설에 따르면, 카이사르라는 이름은 본래 '코끼리'를 뜻하는 단어 카이사이Caesai의 변형이다. 로마와 카르타고의 전쟁에서 한 병사가 전투 중 단신으로 코끼리를 죽이는 대활약을 해서 이런 별명을 얻었는데, 이 별명이 가문명으로 사용되었고 카이사르는 그의 후손이라는 것이다. 어찌 보면 '코끼리'를 뜻하는 단어가 마침내 황제를 뜻하는 의미로까지 승격되어 현대까지 생명력이 남은 셈이다. 카이사르 개인은 이름이 코끼리에서 왔다는 설을 굉장히 좋아한 것으로 보인다. 아마도 어마어마한 전공을 세운 전쟁 영웅의 일화가 더 폼도 나고, 정작 이름과는 달리 자신은 대머리였다는 아이러니함 때문이었을 것으로 추측된다.

넓은 영토를 정복한 지도자이자 용맹함의 상징으로 기억되는 카이사르. 로마의 황제 율리우스 카이사르는 자신의 머리카락이 빠지는 만큼 권력도 사라진다고 생각해 머리에 양모제를 바르고 두피 마사지를 받을 만큼 탈모증을 몹시 두려워했다. 카이사르가 민머리 콤플렉스로 괴로워하자 연인 클레오파트라는 죽은 쥐를 삶아 그 물을 머리에 발라주기까지 했다고 전해진다.

마찬가지로 기원전 40년경에는 히포크라테스가 탈모증을 치료하기 위해 아편, 고추냉이, 비둘기 배설물, 고추, 사탕무 등을 혼합한 약재를 사용해 탈모 치료를 위한 처방을 내렸다는 기록이 있다. 뿐만 아니라 고대 그리스의 철학자 아리스토텔레스도 염소 오줌으로 탈모를 벗어나기 위한 시도를 했다고 한다. 이렇듯 고대에서부터에서 내려오는 불변의 진실은 머리에 그리든, 심든, 쓰든, 무언가를 해야만 했다는 것일 테다.

탈모 완치약을 개발하는 사람은 인류 역사상 가장 큰 부자가 될 것이라는 우스갯소리가 있을 정도로 탈모는 심각한 고민거리다. 황제도 두려워했다는 탈모가 일반인들에게는 어떻게 받아들여질까? 이 시대를 살아가는 천만 탈모인들에게 위 세 인물은 어떻게 받아들여질까? 탈모가 인류 보편의 오랜 고민거리였다는 사실, 주변의 많은 이들이 알게 모르게 함께 고민하고 또 극복해왔다는 사실이 작은 위로가 되길 바란다. 탈모가 시작되기 전이라면 예방을 위해 관리하고, 탈모가 이미 진행됐다면 카이사르가 월계관으로 민머리를 가렸듯 가발을 착용하자, 그리고 머리카락을 심자.

전부가 아니지만 중요한 머리
(탈모에 대한 사회적 낙인)

사람의 인상을 좌우하는 요소는 많지만, 그중에서도 헤어스타일은 바로 눈에 띄는 부분이라 머리는 외모에 상당히 큰 부분을 차지한다. 외모를 중시하는 것을 자제하는 사회 분위기가 확산되었어도 수북이 빠진 머리카락을 보면 스트레스를 받을 수밖에 없다. 〈[건강 100세] "대머리 싫어" 카이사르도 두려워한 탈모〉(《서울경제》, 2018. 2. 6)에 따르면, 대한피부과학회 조사에 '탈모인의 63%가 대인관계에 부담을 느끼고 41%는 이성과의 만남에 어려움을 느낀다'고 응답했다. 한국리서치 조사에서는 소개팅 때 탈모인을 기피하는 20대와 30대 여성 비율이 89%에 달했다. 그러니 20대와 30대의 젊은이들이 취업, 결혼 등에서 불이익을 우려하는 것이 기우가 아닌 냉혹한 현실인 것이다.

탈모 고백은 언제 해야 할까?

결혼을 약속한 약혼자가 결혼을 앞두고 돌연 탈모임을 고백하며 가발을 벗는다면 어떤 기분이 들까? 탈모 고백은 탈모인이라면 한 번쯤 생각해봤을 만한 주제이다. 약혼 상대의 예상치 못한 탈모 고백에 충격으로 결혼까지 망설이게 되었다는 A씨의 사연이 온라인에서 화제가 되었다.

A씨 상대 약혼자의 탈모 고백은 혼인날짜가 채 한 달도 남지 않은 상태에서 갑자기 튀어나왔다. A씨는 그날따라 할 말이 있다며 유독 시간을 끄는 남자친구의 모습이 귀엽다고 생각했다. 어렵사리 자신의 탈모 상태를 보여주겠다고 말을 꺼낸 약혼자에게 A씨는 '난 또 뭐라고' 생각하며 가볍게 웃어보였다.

그러나 약혼자의 가발이 벗겨지는 순간 그의 모습을 보고는 이내 웃음을 잃었다. 조금 다른 모습이 아니라 처음 보는 사람처럼 느껴졌기 때문이었다. 약혼자 또한 당황하여 '머리를 심으려고 병원도 알아 놓았다'며 안심시켰지만 A씨는 자신의 의지와 달리 머릿속에서 충격이 쉽게 가시지 않았다. A씨는 처음 본 모습의 약혼자를 다시 사랑하는 마음으로 바라볼 수 있을지, 자신이 그와의 결혼생활을 잘 유지할 수 있을지 거듭 의문이 들기 시작했다.

해당 사연에는 '그동안 모르고 있었어서 문제가 된 것이다', '사랑하는 사이인데도 받아들여지지 않는 것인가', '남자친구가 불쌍하다', '미리 말해주지 않았다는 점에 혼란과 불신이 생긴 것 같다', '아주 심한 탈모라면 결혼상대자인데 고민될 듯하다', '대머리도 잘 어울린다면 괜찮은 경우도 있다' 등의 다양한 의견이 댓글로 달렸다.

A씨는 어떻게 되었을까? A씨는 결국 이별을 고했다. 어느 한 쪽을 비난할 수 있을까? 상대가 탈모라는 사실을 받아들일 수 없어 결혼이 불가하다면 애초에 진정한 인연은 아닐 것이다. 또한 상대를 만난 첫날부터 "이것은 가발이요." 하고 밝힐 필요는 없지만, 언제까지나 숨길 수 있는 것은 아니기에 관계가 어느 정도 진전된다면 미리 말해주는 것이 스스로에게도 상대에게도 더 확실한 처사일 것이다. 인연은 억지로 엮어서 되는 게 아니니 상황과 마음의 순리를 따를 뿐이다.

실제로 결혼정보회사에서 미혼남녀를 대상으로 연애나 결혼을 고려할 때 제일 만나기 꺼려지는 이성의 조건을 조사한 설문조사에서 여성은 남성의 탈모(53%), 남성은 여성의 관리 안 된 몸매(36%)를 각각 1위로 꼽았다. 남녀 모두 만남에 있어 외적인 요소를 배제할 수만은 없으며, 남성의 경우 탈모 여부가 교제 조건에 큰 영향을 미친다는 사실을 확인할 수 있는 결과이다.

실제로 요즘은 환경의 변화로 인해 젊은 고객들이 계속 늘어나는 추세로, A씨 약혼자와 같은 고민을 가진 고객들이 연인에게 언제 탈모임을 밝히면 좋을지 종종 물어온다. 하지만 위와 같은 사례가 다수였다면 우리 탈모인들이 어떻게 결혼을 하겠는가. A씨의 경우는 다소 특별한 경우이고 대부분의 고객들은 무난히 장가를 간다. 미리 오픈하여 연인과 함께 오거나, 새 가발이 올 때면 "이번엔 이렇게 해 주세요."라고 자신의 의사를 솔직하게 표현하는 고객들이 점차 늘어나고 있다. 그러니 특별한 사연에 우리 천만 탈모인들의 어깨가 처지지 않았으면 좋겠다.

그래도 언제 알리는 게 좋을지 개인적인 의견을 붙인다면 6개월 전후를 추천하고 싶다. 6개월은 지나봐야 자신이 상대를 사랑하는지를 가늠해 볼 수 있을 뿐 아니라, 그 즈음에서 결혼을 할 것인가 연애 상태를 더 유지할 것인가를 고민해 볼 수 있는 시점이라고 생각되기 때문이다.

천만 탈모 고객님들께 드리는 편지

저는 탈모의 최전방에서 일을 하고 있습니다.

저를 찾아오시는 분들은 모발 이식에 실패하신 분, 두피 문신에 실패하신 분, 약물 부작용으로 오시는 분, 유전형 탈모를 가지신 분들로 제각기 이유가 다양합니다. 또 성장기성 탈모에 해당되는 대여섯 살 아이부터 원형탈모를 겪는 청소년, 중장년층까지 다양한 연령대의 고객분들이 저를 찾아오십니다.

저는 이분들과 울고, 웃고, 열을 내기도, 열을 받기도 하며 하루를 보내고 있는데요, 이분들 중에는 제가 '일반 고객'으로 분류하는 고객들이 계십니다. 평소에 관리를 했다면 탈모 지연이 가능했을 분, 짧게는 1년에서 많게는 10년까지 지연시킬 수 있었던 고객님들을 일컬어 일반 고객으로 분류하고 있습니다.

각자 고군분투하며 살아온 인생길에서 탈모까지 왔으니 그 마음이 오죽할까 싶지만, 많은 고객분들이 '관리는 귀찮다'고 생각하시고 '정말 더 벗겨지면 덮어쓰지 뭐… 요즘은 다들 심던데 나도 심으면 되지' 하는 안일한 생각과 방치 아닌 방치로 세월을 보내고 있는 것 또한 사실입니다.

그러다 감당할 수 없을 만큼 심각해져서야 탈모센터에 가서 한번에 몇백만 원짜리 패키지를 끊는데 그때는 이미 루비콘 강을 건넌 터라 돌아오기가 힘듭니다.

탈모센터는 예방이 아닌, 증상 악화 방지를 목적으로 하는 곳이기 때문입니다. 탈모에 관해서라면 예방할 수 있는 만큼 예방하고 지연할 수 있는 만큼 지연하는 것이 최선이라고 할 수 있습니다.

그래서 제가 간곡히 드리고 싶은 말씀이 있습니다.

바로 현재 본인 머리 관리의 어려움을 1이라고 한다면, 가발을 착용하든 모발 이식을 하든 문신을 하든 딱 5배가 힘들다는 것입니다. 돈이, 시간이, 스트레스가 딱 5배입니다.

이것은 평균치를 말한 것이고 실제 각 개인의 부담감은 +α입니다. 그러니 본인의 자연모가 있을 때 잘 관리하여 탈모를 지연시킴이 정답이 아닐까요?

탈모의 트로이카인 두피 문신, 모발 이식, 가발 업체의 광고를 보면 비포 애프터 사진을 비교하며 '자존감이 올라가고, 자신감이 생기며, 티나지 않고 자연스럽다'는 것을 강조합니다.

물론 맞는 말이지만, '조금 더 일찍 관리를 시작했다면 비싼 비용을 들이지 않고도 살 수 있었는데' 하는 안타까움과 아쉬움이 남습니다.

그러므로 지금 이 글을 읽고 계신 독자분들은 관리에 비용과 품을 아끼지 마시라 말씀드리고 싶습니다.

이전에는 정보가 없었기에 귀찮음을 선택한 것이 자신의 잘못은 아니었을지도 모릅니다. 이제는 이렇게 탁 까놓고 영업비밀(?)까지 대담하게 말해주는 세상이 되었으므로 계속 관리에 소홀한 것은 본인 탓이기도 합니다.

다시 한 번 강조하거니와 있을 때 지키시길 바랍니다! 본인 머리만큼 자연스러운 건 없으니까요.

언젠가부터 누군가 한 분이 송곳처럼 뚫고 나와 '본머리를 사수하라!'라고 외쳐 주기를 바라고 있었건만, 급한 성격 탓에 더 기다리지 못하고 제가 외치게 될 줄은 몰랐습니다.

글을 쓰는 시점에서는 아직 어떤 반응이 쏟아질지 모르겠습니다. 긍정적인 반응만을 기대할 수 없으니 부정적인 반응 또한 따를 수 있음을 염려하지만, 그럼에도 불구하고 이 책을 계기로 알면서도 귀찮게 느껴지는 모발 관리에 대해 다시 깨달음과 심각성을 가질 수 있으면 좋겠습니다.

다시 심기일전하고 용기를 얻어 탈모를 예방 혹은 지연시켜야겠다는 인식의 변화가 있다면 더 바랄 것이 없겠습니다.

Chapter 2

가발의 유래 및
가발의 모든 것

가발은 왜, 또 어떻게 처음 쓰게 되었을까? 가발 발명의 역사는 고대 이집트로 거슬러 올라간다. 가발 쓴 미이라가 발굴된 것이다. 고대 이집트인들은 위생을 매우 중요시해 머릿니를 방지하기 위한 목적과 더위를 피하기 위한 목적으로 머리를 짧게 깎거나 면도칼로 밀어버렸다고 전해진다. 다만 문제가 된 것은 뜨거운 햇빛이었다. 강한 태양으로부터 두피를 보호할 장치가 필요했는데, 그렇게 해서 발명된 것이 가발이었다. 높은 신분의 이집트인들은 가발을 여러 개 보관해 놓고 사용했다. 가발은 신분에 따라 구별되어 권력이 있는 자는 익히 알려진 클레오파트라와 같이 장발의 인모 가발을 사용할 수 있었다. 아래 신분의 대중은 양털이나 종려나무잎의 섬유, 단발의 인모 가발 등을 사용할 수 있었으며, 천민들의 가발 착용은 법으로 금해졌다.

이집트의 가발 문화는 훗날 로마로 이어져, 로마에서는 탈모를 감추기 위한 용도로 가발을 착용했다. 앞서 소개한 클레

오파트라의 연인 카이사르도 대머리를 감추기 위해 가발을 썼
다. 부자들은 가발용 노예를 거래하기도 했으며, 잦은 전쟁으
로 인해 편의성이 높은 짧은 가발이 긴 가발보다 선호되었다.

기원전 1세기의 로마에서는 금발 가발이 크게 유행하기 시
작했다. 유행이 확산되어 금발 가발이 매춘 여인들에게 점차
애용되자, 초기 기독교에서는 가발을 악마의 상징으로 간주했
다. "가발이란 속임수이며 아무리 축복을 내려도 가발에 가로
막혀 은혜를 받을 수 없다."고 설교한 것이다. 이후 기혼여성들
은 머리를 천으로 가려야 했다.

신분의 상징이었던 가발

시대가 흐른 후 다시 가발을 사용하게 되었는데 그 계기가 된 것은 유럽의 매독이었다. 매독 2기가 되면 신체에 피부 발진, 반점, 부분 탈모가 나타난다. 매독에 걸렸다는 의심만으로도 체면에 손상을 가져왔기 때문에 탈모는 심각한 문제가 되었다.

프랑스 왕 루이 13세는 20대 초반부터 탈모가 심했고, 태양왕 루이 14세 또한 탈모로 가발을 사용했다. 이러한 연유로 가발은 신분을 드러내는 표식이 되었다. 흰색 모발은 권위와 지성을 상징한다고 여겨졌기 때문에 밀가루를 뿌려 신분을 과시하기도 했다. 반면 당시 일반 국민들은 빵이 부족해 굶주림으로 죽어가고 있었기 때문에 프랑스 대혁명이 일어나는 원인을 제공하기도 했다.

이후 가발은 쇠퇴의 길로 접어들게 되었다. 그러나 아직도 영국에서는 형사 재판 때에는 가발을 쓴다고 하니, 신분을 상징하던 가발의 역사는 여전히 일부 유효한 듯하다.

오늘날에는 또 다른 의미로서 가발이 새롭게 부상했다. 바로 탈모에 대한 컴플렉스가 있는 이들에게 현대인들의 자존감 유지를 위한 필수품이 된 것이다. 비단 탈모가 아니더라도 자신만의 다양한 개성을 드러낼 수 있는 손쉽고 효과적인 방법으로 가발을 착용한다.

가발은 이처럼 시대의 문화와 욕망을 반영하는 방식으로 인간 문명과 함께해왔다고 할 수 있을 것이다.

오늘날 가발 시장은?

　가발산업은 '미용계의 IT'라고도 불린다. 기술이 접목되며, 탈모가 시작되는 연령층이 낮아진 데다 고령화 사회에서 앞으로의 시장이 더욱 크고 유망하다는 의미에서이다.

　2022년을 기준으로 오늘날 가발시장은 정말 감쪽같이 본인 머리처럼 보이게끔 모발의 형태와 질감을 완벽히 재현한 가발들이 시판되고 있는 상황이다. 당연한 이야기지만 가발이 수십 년 전 상류층의 전유물 혹은 분장미술에 동원되던 특수 기술이던 때와는 시대가 달라졌다. 출퇴근을 비롯한 일상에서뿐 아니라 움직임이 많은 과격한 운동을 할 때, 수영, 수상스키와 같은 수중 활동을 할 때, 고온 사우나를 이용할 때 등 어떤 상황에서도 티 나지 않는 가발 착용이 가능한 시대가 되었다.

　오늘날 가발업의 기술은 프라이버시 유지를 위해 자신의 가발 착용을 주변인들이 충분히 모르게 할 수 있을 만큼 발달했으며, 원한다면 임종 직전까지도 자신의 머리가 가발임을 숨길 수 있을 정도로 품질 수준이 높아졌다. 그러니 걱정 마시라, 당신만 머리가 가발임을 잊어버린다면 당신의 머리카락과 다름없으니.

품질 향상에 따라 가발에 대해 더 이상 나도 상대도 애써 모른 척 해야 할 필요가 없어졌다. 개인의 성형수술 이력이나 건강 상태에 대해 쉬쉬할 것도 없다. 그렇다고 나서서 이야기를 꺼내지 않는 정도인 것처럼, 평상시 가발 착용에 대해서도 말하고 싶으면 말하고, 굳이 말하고 싶지 않으면 말하지 않아도 되는 선택사항으로 생각해도 좋을 듯하다.

오랫동안 대머리나 가발 착용은 웃음거리 혹은 개그 소재로 소비되어 왔다. 그러나 탈모 인구 증가와 더불어 인터넷을 통한 정보 공유가 발달함에 따라 탈모를 단순히 희화화하고 가발 착용을 치부로 여기던 문화에 미미하게나마 조금씩 변화가 생기고 있다.

젊은 연령층에서부터 시작되는 탈모 고민을 인터뷰 형식으로 가감없이 다룬 유튜브 컨텐츠도 생겨나고 있으며, 맞춤추어 가발 시장의 규모와 선택 가능한 헤어스타일의 범주도 지속적으로 확대되고 있는 추세이다.

가발 사후 관리, 그 무거움에 대하여

'열심히'와 '최선'은 사실상 일상생활에서 유사하게 쓰이곤 하지만 개인적으로는 두 단어 간에 큰 차이를 두어 사용한다. 사전적 의미를 살펴보면 '열심히'는 '어떤 일에 깊이 마음을 기울이는 것'을 의미한다. 즉 어떤 분야의 지식이나 전문성이 있는가 없는가와는 비교적 무관하게 그저 깊이 몰두하고 전념하는 미덕을 의미하는 것이다. 반면에 '최선'은 '가장 좋거나 훌륭한 것'을 의미한다. 내게 '최선'이란 분야에 대한 깊은 열정뿐 아니라 전문성과 경력, 책임감이 담긴 의미로 다가온다.

가발은 소모품이지만 관리 여하에 따라 사용 기간을 달리한다. 보통 1년에서 2년, 길게는 3, 4년까지 사용 가능하다. 그러나 짧게는 3~6개월로 단명하기도 한다. 이러한 단명의 원인 중에는 세척과정에서 흔한 실수로 빗질을 한번 잘못하여 심한 엉킴으로 사용할 수 없게 되는 경우가 있다.

가발은 특히 사후관리가 중요하다. 여기에는 가발 결의 방향과 특징, 가발 수선 방법인 넛팅knotting, 모 종류 등 다양한 요소를 종합적으로 파악해 정확한 원인을 분석하고 해결 방법을 제시하는 능력이 요구된다. 오랜 경험과 다양한 사례를 통해 기술이 축적되어 비로소 가발 관리자라는 길잡이 역할에 충실할 수 있는 전문 분야이다.

가발업에 종사하시는 분들의 이러한 노력에도 불구하고 실수가 나오기도 한다. 물론 오랜 경험과 열정, 높은 직업의식으로 관리를 잘하시는 분들이 다수일 것이다. 다만 가발 관리를 만만하게 혹은 안일하게 생각하여 '그냥 하면 되지'라는 가벼운 마음으로 관리하는 분들이 고객들의 소중한 제품을 망가뜨리고서도 정작 자신은 원인을 모른 채 오리발을 내미는 웃지 못할 상황이 종종 발생하는 것도 또한 사실이다.

그러므로 고객님들이 가발업체를 선정할 때 '다 알아서 해 주겠지' 하기보다 내 가발을 믿고 맡길 수 있을 만큼 사후관리를 신경쓰는 곳인지 상담을 통해 진지하게 선택하는 것이 바람직하다. 이렇게 처음부터 끝까지 '조금 더'의 디테일과 꼼꼼함이 가발의 수명을 늘리는 비결이라는 점을 잊지 마시길 바란다.

앞선 기술과 '조금 더'의 마인드로 항상 만족으로 보답하는
모담이 될 수 있게 노력하겠다는 마음을 다시 한 번 다져본다.

가발 매장 선택은 어떻게?

맞춤가발매장은 먼저 판매가 이루어지고, 그 다음에 실력을 보여줄 수 있는 특이한 구조이다. 이러한 판매 방식 때문에 해당 업체만의 장점만을 부각시킨 여러 버전으로 판매를 성사시킨 후, 사후관리는 나 몰라라 하는 경우도 많다. 고객들을 통해 간간이 들려오는 비정한(?) 업체의 이야기를 접하고 '어찌 그럴 수가 있나?' 하는 의문에 빠지기도 했지만 오랜 세월을 지나 온 지금은 '그럴 수도 있다'라는 생각으로 바뀌게 되었다. '그럴 수도 있다'란 생각에 도달한 이유는 사람에 대한 인식이 달라졌기 때문이다.

좋을 대로 생각하는 방식일 수도 있지만, 인생을 살아볼수록 세상 만사는 실로 보이는 게 다가 아니라는 생각을 하게 된다. 그간의 삶을 돌이켜보며 보이진 않지만 나를 둘러싼 모든 사람의 지혜와 처세, 마음들이 신의 섭리나 운의 모습으로 나를 도와준 것이고 내가 그것을 어쩌다 잘 선택했을 뿐이라고 깨닫게 된 것이다. 큰 선택부터 작은 선택까지 그동안 뿌려놓은 깨끗한 마음의 씨앗들, 혹은 나쁜 마음의 씨앗들까지도 에누리 없이 발현되어 결과로 나타난다는 실감을 하게 된다. 그러니 좋은 마음으로 살아야 되는 건 내게 확실한 이치로 느껴진다.

또 선택을 함에 있어 비록 잘못된 선택이라 하더라도, '경험'으로 치자는 넓은 마음으로 받아들일 때 우유부단하지 않게 된다. 어떤 결과가 나와도 더 나은 방향으로 나아갈 수 있다는 긍정적인 마음이야말로 하루하루의 선택에 있어 가장 중요한 게 아닐까 싶다.

우리에게 중차대한 주제인 가발의 경우, 어떤 기준으로 매장을 선택하면 좋을지 이야기해보고자 한다.

먼저 요즘은 프랜차이즈 전성시대답게 가발매장도 프랜차이즈로 운영되는 곳이 많다. 그러나 프랜차이즈도 궁극적으로는 각자도생으로 점주가 어떻게 운영하는가에 매장의 성패가 달려있다. 그래서 한 번 가고 말 곳이라면 상관없지만 이후에도 계속해서 인연이 지속되는 곳은 점주의 실력과 관계가 있다는 점을 유의하면 도움이 된다. 가령 Before & After 사진을 보고 점주가 시술했는지 혹은 프랜차이즈의 대표가 시술했는지를 확인하는 최소한의 확인을 거치는 것이 좋다.

또한 미용도 그렇지만 가발도 담당이 바뀌면 더 심하게 애를 먹게 된다. 가발의 머리카락은 자라지 않기 때문에 받쳐주는 머리가 어떤가에 따라 자연스런 '뚜껑'이 되기도 하고, '가발스럽다'는 표현이 찰떡(?)이 될 수도 있기 때문에 처음 상담할 때 담당이 바뀌지 않았으면 좋겠다고 확실히 말하는 게 좋다.

더욱이 한번 가발을 구입하면 좀처럼 매장을 바꾸기가 쉽지 않으므로 매장 선택은 서로가 필요한 갑을관계라는 것을 알고 존중하는 마음으로 말과 행동을 조심하며 신뢰를 쌓아가는 것이 좋다. 장기적인 관계가 될 수 있으므로 상호간에 이러한 느낌을 주고받는지 한번 짚어보는 것이 좋다. 마지막으로 휴일을 확인하여 탄력적인 예약이 될 수 있는지 확인해보는 것 등이 있겠다.

상담 시 알아야 될 사항

가발을 맞추러 가기 전 미리 알아두면 도움이 될 정보를 소개하고자 한다.

가발의 가격

먼저 가격에 대해 이야기해보자. 가발은 업체 별로 적게는 20만 원에서 많게는 100만 원 정도 가격 차이가 나기도 한다. 왜 이렇게 차이가 나는 걸까? 가발 시술과 수선, 파마는 모두 수작업으로, 작업자의 기술 편차에 따라 가격이 달리 책정된다.

가발은 제작을 통해 들어오긴 하지만 공장에서 온 가발은 완성품이 아니고 스타일리스트가 완전한 제품으로 완성시킨다. 따라서 '싼 게 비지떡'이라고 가격을 기준으로 삼아서는 안 된다. 오히려 싼 비지떡을 비싸게 파는 업체도 많다.

또한 맞춤가발만 하는 곳인지 다른 미용과 겸하는 곳인지 확인 후 구매하는 것이 좋다. 당연히 맞춤가발 전문점에서 하는 게 이로

운데, 가발도 착용하다 보면 머리카락이 빠져 수선을 필요로 할 수 있기 때문이다. 오래 착용한 가발을 수선 맡기러 오시는 고객님들 중에는 "얘(가발)도 탈모가 되네." 하고 웃지 못할 농담을 건네는 분들도 계신다. 가발 수선을 잘한다는 건 일의 능통함이 최고라는 뜻이며, 가발 수선을 하는 곳은 많지만 잘하는 곳은 많지 않은 게 현실이다. 가발의 사후관리에 해당하는 가발 수선이나 파마를 얼마나 손상이 적게 잘해내는지가 제품 수명과 스타일 유지력을 좌우하기 때문에 매장을 선택할 때 반드시 꼼꼼히 따져 봐야 한다.

또한 부가서비스에도 금액의 차이가 있다. 부가서비스 즉 염색, 코팅, 파마는 업체마다 금액이 제각기 다르다. 가발 매장의 실력 차이는 실제로 맡겨보기 전까지는 제대로 알기 어렵기 때문에 부가서비스 금액을 미리 알아두고 구매 시 참고해볼 수 있다.

가발의 제작기간

가발을 맞추러 가기 전 또 하나 염두에 두어야 할 것은 가발의 제작 기간이다. 맞춤가발 특성상 현재 국내에서 생산하는 곳은 채 5%도 되지 않는다. 거의 대부분 인도네시아, 중국, 라오스, 북한 등 해외에서 주문 제작된 가발을 가져오는 방식을 취한다.

코로나19 이전에는 가발을 수령하기까지 보통 한 달이 걸렸지만, 코로나19 이후로는 한 달 반에서 두 달, 길게는 두 달 반이 걸릴 때도 있으니, 상담 시 완성일 확인이 필수이다.

가발의 제작과정 이해

마지막으로, 가발을 맞추는 과정은 상담-제작-공장-검수-피팅으로 이루어진다. 제작 과정 중 가르마 방향, 머리 색상, 백모 비율, 기장은 가발의 완성도를 결정하므로 본인의 가르마 방향을 알려주면 도움이 된다. "탈모가 오래되어 가르마 흔적조차 없는데요." 하시는 분들도 있는데 오래전이지만 머리카락이 있었을 때를 떠올려 보시라. 머리는 잊었는지 모르지만, 몸은(손은) 기억하고 있으니.

제작이 완료되면, 이후의 검수 과정은 의뢰한 작업지시서의 내용대로 제작되어 왔는지 확인할 수 있는 시간이다. 잘못 제작된 점이 발견될 시 빠른 시일 내로 다시 제작을 의뢰해야 하므로 꼼꼼한 검수가 필요하다.

마지막 단계인 피팅은 최종적인 완성도를 결정짓는 단계이다. 긴 머리로 도착한 가발을 고객의 머리에 올려 두상을 확인하고, 스타일을 재확인하는 상담을 거친 후 커트에 들어간다. 디테일에 심혈을 기울인 스타일링으로 최종적인 만족을 안겨드려야 할 것이다.

가발 관리 요령

기본의 빗질

가발의 가장 기본 관리는 빗질이다. 이때 얼레빗을 구매하여 결 방향대로 빗질하길 권한다. 얼레빗이나 가발 전용빗이 아니면 정전기로 인한 모발의 엉킴을 일으킬 수도 있고 자칫 망에 걸릴 수도 있으므로 유의한다.

빗질을 할 때는 항상 아래 〉 중간 〉 위 순서로 빗어야 엉킴이 잘 풀린다. 탈착식일 경우 착용한 제품은 뒤집어서 망에 향균제를 3-4번 분사해 보관한다. 그냥 방치하면 하루 동안의 유분과 땀 등이 냄새의 근원이 되므로 잊지 말고 향균제를 뿌리도록 한다.

세척하면 안 되는지를 묻는 분들이 계시는데 당연히 세척 가능하다. 권장 세척 주기가 있긴 하지만, 이 부분만큼은 개개인의 청결도가 다르므로 딱 잘라 말하기 어려운 지점이다. 다만 가발은 물을 싫어하는 듯하다. 수명에 직접적인 영향으로는 1순위라고도 할 수 있다. 하지만 오래 착용하고자 그저 세척을 피한다면 고객님들의 스타일을 포기하는 모험(?)을 하셔야 할 것이다. 하루 한 순간에도 찾아올 수 있는 사랑의 타이밍, 일의 타이밍에서 유리한 쪽에 있을 수만 있다면 세척을 많이 한들 어떠랴.

권장 세척 주기는 여름의 경우 4일 ~10일,
봄, 가을, 겨울에는 한 달 정도이다.

가발 기본 보관과 기본 손질 방법

가발거치대

이렇게 생긴 거치대 위에 가발을 올려둔다. 아래 은색 고정레버를 반대편으로 돌리면 고정이 되므로, 식탁 위나 매끈한 상판이 있는 곳 어디에든 고정하여 사용하면 된다. 가발을 착용하지 않은 상태에서 다음날을 위해 헤어롤을 말아두거나 드라이를 할 때 편리함이 있다.

여행을 갈 때 부피 때문에 거치대를 가져가기가 부담스럽다면
각이 잡힌 모자를 가져가거나,
임기응변으로 사발면을 사서 엎어두어도 좋다.

착용법에 따른 가발 분류

탈착식 가발

가발을 벗어둘 수 있는 탈착 고객 또는 반고정 고객들은 저녁에 가발을 벗어서 물 스프레이로 적당히 뿌리고 나서 유연제를 분사 후 빗질을 해둔다. 가발은 빗질된 상태로 고정이 되기 때문에 본인의 스타일에 맞는 가르마 위치를 확인하여 빗질로 마무리한다. 그러면 다음날 빗으로 쓸어주기만 하면 되니, 스타일 내기가 훨씬 쉽다.

고정식 가발

가발이 머리에 고정되어 있기 때문에 현실적으로는 아침에 머리를 감는 게 여러모로 스타일 내기가 쉽다. 가끔 저녁에 머리를 감고 간밤에 눌리거나 붕 뜬 머리를 아침에 손질하는 것이 어렵다 하시는 분들이 계신다. 그러나 이는 가발을 착용하지 않는 사람들에게도 마찬가지이다. 가발은 내 머리라는 것을 명심하자.

가발 세척법

탈착식 가발 세척법

1. 세척 전, 마른 상태의 가발을 아래에서부터 쿠션빗으로 가볍
게 빗는다.
2. 가발의 뒷부분, 이름이 적힌 곳을 잡고 미온수인 흐르는 물에
갖다 댄다.
3. 물을 받아놓은 세숫대야에 샴푸를 풀어 거품을 낸다.
4. 모발 세척은 부드럽게, 안쪽 두피가 닿는 부분은 꼼꼼하게 세
척한다.
5. 트리트먼트 역시 똑같은 방법으로 한다. 결이 상했을 땐 트리
트먼트를 바르고 10분 정도 방치한다.
6. 쿠션빗을 이용해 반드시 한 방향으로 가볍게 빗질한다.
7. 모발에는 트리트먼트가 살짝 남게 헹구고, 안쪽 두피가 닿는
부분은 꼼꼼하게 헹군다.
8. 가발을 타올로 감싸 가볍게 누르며 물기를 제거한다. 덜 말랐

을 경우 마른 수건으로 감싸 10분 정도 방치한다.

9. 가발 거치대에 걸어 물기가 살짝 남아 있을 때 유연제를 10회 정도 뿌린다.

10. 빗질을 하고, 5분 정도 지나면 드라이든 손질이든 원하는 스타일을 낸다.

고정식 가발 세척법

1. 샴푸 전, 마른 상태의 가발을 아래에서부터 쿠션빗으로 가볍게 빗는다.

2. 앞 테이프를 떼어낸 후 고개 숙여 물을 맞는다. 앞 테이프가 잘 떨어지지 않으면 그냥 두도록 한다.

3. 샴푸를 본인 머리와 가발 머리에 골고루 바른 후 한 방향으로 빗질한다.

4. 가발 안쪽은 가발을 살짝 들어 두피에 손을 넣어서 씻어준다. 이때 샴푸를 한 번 더 손에 묻혀 문질러도 좋다.

5. 가발에 쿠션빗으로 8~10회 정도 빗질 후 머리에 물을 맞는 식으로 헹궈낸다.

6. 트리트먼트는 두피를 피해 모발에만 바른다.

7. 세척이 끝나면 거울 앞에서 수건으로 꾹꾹 눌러서 물기를 제거하고 나서 유연제를 10회 정도 분사 후 빗질해 둔다.

8. 가발 앞 스킨쪽을 들고 드라이기로 찬바람, 더운 바람을 번갈아 가며 자연 공기 상태의 온도로 두피 쪽을 말린다.
9. 준비한 앞 테이프를 스킨에 고정시켜 붙인다. 기존 테이프가 붙어있다면 찬바람으로 식혀 붙으면 OK!
10. 부드러워진 머리를 원하는 대로 스타일링한다.

가발 세척 시 팁!

- 머리를 감을 때는 항상 결대로 감는다.
- 머리카락을 비비면 모발이 손상되고 엉키므로 가볍게 눌러가며 세척한다.
- 물기를 짤 때도 마찬가지로 모발을 길게 잡아 늘어뜨리지 말고 꾹꾹 가볍게 눌러가며 건조시킨다.
- 샴푸는 기능성 샴푸를 권한다. 부분 탈모라면 계속 진행형인 탈모를 조금이라도 지연시켜야 하기 때문이다.
- 트리트먼트는 영양을 위한 것이기 때문에 되도록 제품 뒷면을 확인해 특허 성분이 표기된 좋은 트리트먼트를 사용한다.
- 가발을 자연건조 시킬 때 스탠드 위에 올려놓으면 빗질한 대로 마르기 때문에 가르마 위치를 정해서 빗질해두면 다음날 손질하지 않아도 자연스러운 스타일이 완성된다.

피팅

고대하던 맞춤가발이 도착했다는 전화를 받으면 방문일을 조율한다. 매장에 갈 때는 그냥 가기보다 원하는 스타일의 사진을 2장 정도 가져가시기를 권한다. 사진을 한 번 보여주면 끝인 걸 굳이 말로 설명하다보면 쉬운 길을 두고 어려운 길을 가게 될 수도 있기 때문이다.

고객이 말하는 '조금'과 스타일리스트의 '조금'은 다를 수 있다. 그러니 최대한 사진을 지참해서 피팅날 "이런 스타일 가능 할까요?" 라고 묻는 게 원하는 스타일에 더 가까울 확률이 높다.

거치대 위에 놓인 가발

인조모(人造毛)와 인모(人毛)의 차이

가발에 사용하는 머리카락에는 크게 인조모와 인모가 있다. 둘은 서로 다른 특징을 가지고 있다. 인조모는 인조합성섬유라는 말로 사람의 머리카락과 유사하게 만든 일종의 합성섬유인데, 현재 세계적으로 사용하는 원사를 재질로 구분하면 아크릴 섬유와 폴리에스테르 섬유, 크게 두 가지로 나눌 수 있다.

인조모의 장점은 뛰어난 내열성과 내구성 그리고 엉킴 현상이나 탈색, 탈모 등이 발생하지 않는다는 점이다. 그리고 샴푸 후 스타일이 쉽게 살아나고 관리하기가 편하며 자연스러움이 오래 지속된다는 장점이 있다.

반면 단점은 햇빛에 비치면 반짝거려 가발이라는 느낌을 주는 점과 염색이 되지 않는다는 점이 있다. 아크릴 섬유는 양모와 비슷하여 가볍고 부드러우며 보온성이 좋고 산과 염기에 강하다는 장점이 있다. 폴리에스테르 섬유는 방사하여 얻은 합성 섬유를 통틀어 이르는 말로 산과 열에 잘 견디는 장점이 있는 인조모이다.

인모의 장단점은 인조모의 장단점을 뒤집은 것과 같다. 인모는 윤기와 모질이 자연스러우며 매장에서 염색과 탈색이 가능하다는 장점이 있다.

반면 샴푸를 잘못했을 때나 세월의 흔적으로 모 엉킴이 발생한다는 것과 햇빛으로 인해 탈색되기도 한다는 단점이 있다.

인모의 종류에는 중국모, 인도모, 유럽모, 베트남모, 미얀마모가 있는데 중국모는 굵으면서 강한 모의 느낌, 인도모는 부드럽지만 힘이 없는 느낌, 유럽모는 부드러우면서 힘이 있는 느낌, 베트남모는 중국모와 흡사하지만 약간 더 부드러운 느낌, 미얀마모는 인도모와 흡사하지만 약간 더 강한 느낌을 준다.

가발 수선은 어떻게 하나요?

가발 수선에는 스킨 교체, 증모, 망 수리, 패치 코팅 등이 있다.

스킨 교체

이마 라인과 머리카락이 시작되는 부분의 자연스러운 피부 표현을 위해서는 스킨이 굉장히 중요하다. 요즘은 나노스킨이라 하여 어느 업체든 누구든 0.03~0.12까지 두께를 결정하고 또 만들 수 있다. 요즈음은 0.03 나노스킨이라 하여 피부색과 동일하다는 광고를 보신 분들이 있을지도 모르겠다. 그러나 이러한 스킨은 얇은 만큼 찢어지거나 늘어나거나 변색되기도 쉽다는 단점이 있다.

요즘은 가발의 가장 큰 주안점을 자연스러움에 두면서 스킨 교체는 가발 수선의 주요 품목이 되어가고 있다. 스킨 교체는 앞 스킨만 떼어내고 새로운 스킨을 만들어 다시 조인시키는 방법인데, 업체마다 수선 비용에 차이가 있다.

가발을 오래 사용하기 위해서는 스킨 교체를 주기적으로 하는 것이 가장 확실한 방법이다.

팁! 스킨을 교체할 때는 패턴, 즉 두상을 본따 만든 모양으로, 패턴을 통해 각 두상의 특징과 형태를 상세히 파악할 수 있으므로 패턴을 함께 보내야 늘어남 없이 제작이 가능하다. 반드시 패턴을 함께 보내달라고 말하면 좋다.

증모

일반적으로 가발은 머리카락이 빠지지 않을 것이라고 생각하기 쉽다. 하지만 가발도 당연히 머리카락이 빠진다. 가발에서 머리카락이 빠진 부위에 새 머리카락을 채워넣는 것을 증모라고 한다.

증모 시 기존 머리카락과 새 머리카락을 조화롭게 만들기가 쉽지 않기 때문에 증모에는 단연코 '실력'이 제일 중요한 요건이다. 요즘은 가발에 파마를 받는 경우가 많다. 수선해야 하는 가발이 마찬가지로 파마가 되어 있다면 모결에 손상이 없도록 새로운 모발에도 파마를 하는 게 처음과 같은 스타일을 낼 수 있는 유일한 방법이다.

새 가발로 스타일을 내는 건 어렵지 않으나, 수선으로 기존 헤어스타일과 어우러지게 만들기란 쉬운 일이 아니다.

망 수선

가발의 안쪽은 망으로 되어있다. 촘촘한 망에 수제, 즉 수작업으로 직접 모발을 심어주는 작업을 하는 경우 맞춤가발이라고도 하고 심는 가발이라고도 하는 수식어가 붙어 있다.

그런데 망으로 되어 있다 보니 빗질을 할 때 걸려서 망이 찢어지기도 한다. 이런 사소한 사고로 가발을 사용할 수 없게 된다면 얼마나 난감하고 아까운 일인가? 이럴 때 정교하게 망을 덧대어 다시 가발을 사용할 수 있게 만드는 것을 망 수선이라고 한다.

기성가발과 맞춤가발의 차이점

기성가발

면접 때 아버지의 은갈치 정장을 빌려 입고 나온 듯한 모습의 젊은이를 상상해 보시라. 아직 앳된 느낌에 호리호리하여 어딘가 모르게 정장이 어색하고 거추장스러워 보인다. 마찬가지로 기성품은 얼굴 너비가 가발 폭보다 더 넓거나, 가발이 머리보다 커서 눈썹 위에 가발 헤어라인이 붙어 보인다거나, 가발과 본 머리 사이의 연결이 어긋나 가발이 툭 튀어나와 도드라져 보이거나, 모발의 광택, 질감이 유난히 합성모 또는 나일론 재질 같아 보일 때 등의 상황에서 전반적으로 맞춤가발에 비해서는 어딘가 어색해 보일 수 있다. 아버지의 은갈치 정장을 걸친 젊은이처럼 말이다.

기성품은 딱 대, 중, 소의 크기로만 구획되어 가르마선의 디테일이나 모량의 선택을 할 수 없다는 한계가 있다. 그리고 0.03~0.12mm의 나노스킨으로 이미 만들어져 나온 제품이라 이마라인의 스킨색을 고객 개개인에게 맞추어 수정할 수 없다는 것이 제일 큰 단점으로, 가발 특유의 어딘가 어색한 느낌을 어쩔 수 없이 감안하고 착용해야 한다.

맞춤가발

기성가발과 맞춤가발의 차이는 기성복 정장과 맞춤정장의 차이와 같다. 맞춤정장은 개인의 체형과 생활 스타일을 반영하여 제작한다. 예를 들어 가슴둘레가 크다거나 어깨 한 쪽이 내려갔다거나 평소 활동량이 많다와 같은 특징 등을 반영하여 옷을 설계하고 고객이 원하는 디자인으로 만들 수 있다는 장점이 있다. 내게 잘 어울리는 소재를 고르고, 주름의 위치나 단추 종류를 바꾸다 보면 작은 디테일이 쌓여 전체적인 분위기가 세련되어진다.

반면 기성복은 빠르고 저렴하게 구입해서 편하게 입을 수 있다는 장점이 있다. 그러나 평균적인 신체에 맞춰 나왔기 때문에 옷에 나를 맞추어 입을 수밖에 없고, 고유한 체형과 취향은 거의 고려되지 못한다.

기성가발과 맞춤가발의 가장 큰 차이는 가이드가 없다는 데 있다. 가발 스타일리스트의 존재는 지속적인 체크와 관리로 어딘가 어색한 느낌을 바로 잡아줄 사람이 있는 것과 같다.

그러나 맞춤가발은 바로 착용할 수 있는 기성가발과는 달리 두 번 이상 방문해야하고 고객의 니즈를 반영하다 보니 제작시간이 요구된다.

한편, 사람마다 두상이 제각기 다르다. 왼쪽이 누운 두상, 뒤통수가 꺼진 두상, 오른쪽이 나온 두상, 전체적으로 울퉁불퉁한 두상, 윗부분이 편평한 두상, 앞이마가 나온 두상 등 다양한 두상이 존재한다.

이러한 특징을 포착하고 밀착감 있는 가발을 제작하기 위해 두상의 본을 뜨게 되는데 이것을 패턴작업이라고 한다. 이때 두상을 잘못 본뜨면 자기 두상이라 해도 스타일링 시 어정쩡한 느낌이 나올 수 있으므로 두 번에 걸쳐 패턴을 떠달라고 하는 게 좋다.

맞춤가발을 한다는 것은 바람이 불 때 머리를 잡는 게 아니라,
과감히 바람에 머리를 맡길 수 있는 자신감과
자연스러움을 선택하는 것이라고도 말할 수 있다.

맞춤가발의 꽃! 부분가발

모담의 경우, 방문 고객의 70% 가량이 부분가발 사용자이다. 부분가발은 이마부터 정수리까지 시술 전후의 드라마틱한 변화와 자연스러움이라는 두 마리 토끼를 한번에 잡을 수 있는 가발이다. 그렇다고 누구나 부분가발을 쓰면 드라마틱한 Before & After를 경험하게 되는가 하고 묻는다면 '글쎄'이다.

다음 사항을 참고해보면 좋을 것 같다. 가령 넓어진 이마라인은 가발이 메워 주지만, 얼굴에서 옆 라인에 해당하는 부분의 모발이 빠졌을 경우는 스타일을 선택하는 데도 한정적일 수밖에 없으며, 옆 라인이 빠진 것은 실력이 좋은 시술자에게도 어려운 경우이다.

여기에 해당된다 싶으면 두상을 본뜰 때 옆 라인에 모 방향과 볼륨의 변화를 줄 수 있는 내면수제를 넣어달라고 말하면 좋다.

팁! 머리는 옆 라인이 중요하다. 본인이 생각하기에 옆선이 빠진 것 같다 싶으면 해당 부분만 문신의 도움을 받는 것도 고려해볼 만하다.

항암 가발

암환자를 위한 항암 가발 은 스타일이 첫째이나, 통풍성 또한 중요한 요소이다. 가발을 계속 착용해야 하는 고객들과는 달리 1년에서 2년만 착용하면 머리가 나기 때문에 건강적인 면에 중점을 두어 항균처리가 되어 있는가를 확인하고, 상황이 허락한다면 매장에 가서 직접 착용해 본 후 구매하는 게 좋다. 착용해 본 제품과 인터넷에서 구매한 제품은 차이가 날 수밖에 없기 때문이다. 항암 가발 을 착용할 수밖에 없는 고객님들 모두 쾌차하시기를 마음을 다해 바랍니다.

전체 가발

제일 까다롭고 어려운 품목이 전체 가발 이다. 머리카락이 남아 있다고는 하나 퍼센트로 따지면 10%로도 채 되지 않기 때문에 무모증이나 항암 고객님 또는 심한 원형탈모 고객님처럼 꼭 해야 하는 고객 위주로만 전체 가발 을 권한다. 그만큼 완성도 면에서는 자연스럽기가 쉽지 않기 때문에 많은 고민을 해야 한다.

전체 가발 은 안착감이 중요하므로 두상 본뜰 때 정확하게 뜨는 것이 매우 중요하다. 그리고 착용하면서 제품이 늘어나므로, 맨밑에 '줄이개'를 넣어달라고 하면 늘어진 캡을 다시 줄일 수 있다. 줄이개는 안착감을 느끼는 데 중요한 역할을 하니 잊지 마시길 바란다.

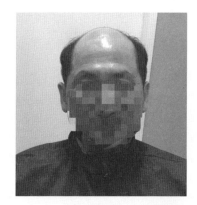

Before

After

가발 착용 전과 후를 비교
앞면과 옆면

앞머리 가발

요즘 제일 많이 찾는 가발 중 하나가 바로 앞머리 가발 이다. 클럽으로 고정을 시켜 간편하게 앞머리를 커버할 수 있는 가발이지만, 시각적인 면에서 했을 때 안 했을 때는 동안이냐 노안이냐가 될 정도로 차이가 크다. 혹 이마가 넓어 고민하고 있는 분이라면 간편한 앞머리 가발 을 추천한다.

멋내기 가발

가끔 젊은 분들이나 밤문화를 느끼고 싶은 고객, 그리고 모임 때마다 미용실 가기가 싫은 분들이 찾는 것이 멋내기 가발 이다. 멋내기 가발 은 전체 가발 로 되어 있고 착용에 어려움이 없다.

원래 새치가 많아 자주 염색해줘야 하는 번거로움이 싫은 경우나 숱이 적어 본인 머리로는 파마를 못해보신 분들께 좋다. 다양한 머리스타일이 다 구비되어 있어서 매장에 가서 착용하기만 하면 된다.

짧은 머리가 긴 머리로, 긴 머리가 짧은 머리로, 생머리가 웨이브 머리로, 빨간머리, 갈색머리, 검정머리, 탈색머리 등 깜짝 변화를 느끼고 싶은 분들께는 더할 나위 없다.

종류도 굉장히 많고, 찾는 사람도 계속 늘어나고 있다. 내가 아닌 내가 될 수 있는 기회, 언뜻 보면 자신도 자신인 줄 모를 만큼 다양한 연출이 가능한 것이 멋내기 가발이다.

효율성 면에서든 스트레스를 푸는 심리적인 면에서든
나무랄 데 없는 나만의 악세사리 하나쯤 구비하는 건 어떨까?

나이에 따른 가발 착용 모습

20대 가발 착용 모습

30대 가발 착용 모습

40대 가발 착용 모습

50대 가발 착용 모습

60대 가발 착용 모습

SBS Biz Pick Up!
트렌드 스페셜 '히트맨 멋 대 맛' 촬영을 마치고

2021년 10월 17일 방송촬영을 했다. 진행자인 양상국 씨께 가발도 착용시켜 드리고 지인들이 붐비는 공간에서 촬영을 했다. 평소 조리 있게 말하려고 노력하는 편인데, 막상 카메라가 눈앞에 들어오니 긴장해 떠듬떠듬, 산으로 간 정신을 되찾아 '아무 말 대잔치'로 열심히 촬영을 마쳤다. 오랜만에 잔뜩 긴장되고 스릴 넘치는 기분이었다.

사실은 방송 촬영이 확정되고 났을 때부터 인터뷰 연습을 했는데, 준비된 말을 다하지 못했다는 아쉬움이 남았다. 긴장하고 있는 저를 자연스럽게 이끌어주신 PD님, 작가님, 양상국 씨의 세심한 배려에 감사드린다.

앞으로도 모담은 자연스럽고 매력을 더할 수 있는 머리스타일을 만들어 드리도록 최선을 다할 것임을 다짐해본다.

10년 동안 누구도 알아주지 않고, 열정만으로 하루를 보냈던 날들, 속상함으로 흘린 눈물, '과연 이게 맞는 결정일까', '제대로 가고 있기는 한가'라는 무수한 생각들로 내딛은 걸음걸음에 물음표를 던졌고, 때로는 올라온 계단에서 후퇴하며 속상해하기도 했다. 절대 한번에 두 계단을 허락하지 않았던 운명이, 이때부터 조금씩 두 계단 세 계단을 기꺼이 내어준 듯했다. 기다려온 시간에 대한 보상 같아 감사하게 느껴졌던 아주 특별한 사건이었다. 아주 오래오래 기억에 남을 것이다.

가발에 대한 Q & A

Q : 가발도 염색을 하나요?

A : 물론! 가발은 산처리 후 염색을 한다. 염색 후에도 인모의 특성은 그대로 유지되므로 햇빛에 의해서든, 착용에 의해서든 탈색이 된다. 이후 매장에 가서 다시 염색을 한다.

Q : 가발도 파마를 하나요?

A : 가발파마는 가발코팅, 가발염색, 가발파마의 부가서비스 중에서 가장 까다롭고, 데미지가 큰 작업이 아닐까 한다. 까닭에 아직도 가발파마를 하지 못하고 공장에서 해온 파마에 의존하는 업체도 많이 있는데 공장파마는 형태가 일률적이므로 고객 개인의 스타일 요청에 맞출 수 없다는 단점이 있다. 가발파마를 잘하는 사람도 시간이 많이 소요되므로 넉다운되기 십상이고 만에 하나 제품이 엉키기라도 하면 더 이상 사용할 수 없는 가발이 되니, 모발의 머릿결, 착용한 개월 수를 확인

한 후 신중하게 파마를 시술해야 한다.

Q : 매직기나 고데기를 사용해도 되나요?

A : 인모가발의 장점은 본인 머리처럼 연출이 가능하다는 것이
다. 그러니 매직기 또한 사용 가능하다. 생머리를 웨이브머리
로, 웨이브머리를 생머리로 만들 수 있는 것이다. 단, 매직기
는 드라이보다 높은 열을 순간적으로 이용해 컬을 만드는 것
이므로 오랜 시간 사용하면 모발에 손상이 갈 수 있다는 것을
염두에 두는 것이 좋다. 그러나 인조모는 합성모든 제조된 머
리카락이든 인모보다 훨씬 조심히 다루어야 한다. 낮은 온도
에서의 사용은 가능하지만 그렇다 해도 신중에 신중을 기울
여야 한다.

Q : 모발이 엉키기도 하나요?

A : 당연히 모발이 엉키기도 한다. 그러나 앞에서 말한 샴푸법을
지킨다면 엉킴 문제는 생기지 않는다. 샴푸 방법을 잘 읽고 따
라하시라. 단, 세월이 흘러 엉킴이 진행된 거라면 매장에서 여
러 번 가발을 코팅하거나 한 번의 공장 코팅을 받길 권한다.

Q : 가발 코팅도 하나요?

A : 가발을 착용하다 보면 사람 머리보다 관리하기가 더 까다롭

다는 걸 알게 된다. 머리가 더 이상 자라지 않고 영양분이 공급되지 않는 상태에서 관리를 해야 하기 때문에 머릿결 유지를 잘 하는 포인트는 미리 손상을 방지하는 데 있다. 그러니 3개월 이내에 매장에 가서 코팅을 받는 것이 좋다.

Q : 일반 샴푸를 써도 되나요?

A : 인모는 일반 샴푸를 사용해도 된다. 향기가 좋은 제품을 사용하면 일상생활도 기분이 좋을 것이다. 단, 트리트먼트는 머리카락에 영양을 공급하므로 좋은 제품으로 사용하길 권한다. 마트에 가서 트리트먼트 용기를 확인해 특허 성분이 표기된 트리트먼트를 사용한다.

Q : 가발 색상은 어떻게 골라야 하나요?

A : 일반적으로 본인 모발과 같은 색상으로 골라야 티가 나지 않는다고는 하나, 꼭 그래야 할 필요는 없다. 염색을 했다는 기분으로 본인에게 어울릴 것 같은 진검정색, 다갈색, 갈색, 밝은 갈색을 고르거나 본인 모발과 같은 색상을 골라도 된다.
가발은 이미지 변화다. 가발을 착용하면 젊어 보이는 것은 당연하다. 소극적인 마음 자세로는 정말 그냥 말 그대로 가발을 쓴 것밖에 되지 않는다. 본인 머리인 일반인도 이미지 변화하기는 쉽지 않다. 그리고 가발 스타일리스트가 아무리 세련된 스타일을 만들어 내더라도 고객의 적극적인 마음가짐과 몸가짐이 뒷받침되지 않으면 가발 이상의 스타일이 나오지 않는 것도 사실이다. 그러니 충분히 상담한 후, 본인이 감당할 수 있을 정도의 색상과 스타일로 이미지 변화를 시도해보면 어떨까 싶다. 당신의 이미지 성공을 기원한다.

요즘은 빨주노초파남보 실로 자기 개성 시대이다. 본인에게 어울리는 색상을 고르되, 매번 시도해보고 싶었지만 주저하고 있다면 때론 이미지 변화를 위해 과감한 선택을 해보는 것도 한번쯤 권하고 싶다.

Chapter 3

가발의 대안

두피 문신

두피 문신은 땀과 물에 약하고 두피 건강도 해치는 흑채의 단점을 해결해주는 비수술적 요법이다. 국소마취 후 모발과 같은 색상의 특수잉크를 사용하여 모발이 아예 없거나 부족한 두피 부위에 점을 무수히 찍어 마치 모발이 있는 것처럼 주입하여 털이 자란 것처럼 보이게 하는 시각적 효과를 준다. 도트 점. dot 의 겹침 없이 미세한 도트들로 음영감을 만들며, 얼굴 쪽과 가까워질수록 그라데이션으로 자연스럽게 연결시켜주면서 모근의 배열 느낌을 재현해준다.

사실은 없는 모발을 있는 것처럼 보이게 하는 착시효과를 주는 것이다. 보통 반삭을 하면 촘촘하게 밀도 있는 모근의 흔적이 보인다. 그러나 탈모가 시작된 경우 모근의 흔적이 없이 민머리로 보여 탈모 부위가 드러난다. 이러한 부분을 보완해주는 시술인 것이다. 또는 모발 이식 후 균형을 맞추고 밀도를 보강하는 경우에도 효과적이다. 부족한 정수리 부분, 원형탈모, 사고 후유증으로 인한 수술 자국, 흉터 등 다양한 유형에 적용할 수 있다.

두피 문신

두피 문신은 '메워주는' 효과를 주어 밀도를 보완하는 데 도움이 된다. 그러나 실제 모발이 늘어나는 것은 아니기 때문에 헤어 볼륨이나 스타일링 측면에서 개선되는 것은 아니다.

통증의 경우 시술 전 마취를 하기 때문에 고통이 심하지 않다. 모발 이식에 비해 대부분 편안하게 시술을 받는다. 시술 시간은 2시간 전후로 시술 당일은 땀을 내는 활동이나 샴푸를 할 수 없고, 다음날부터는 일상생활이 가능하다. 또한 모근을 피해서 점을 찍기 때문에 두피 문신으로 인해 탈모가 악화되지는 않는다.

두피 문신은 눈썹 문신과 마찬가지로 반영구적이라 일정 기간이 지나면 수정 및 보완 관리를 받아야 한다. 이것을 리터칭retouching 이라고 하는데 약 3년 주기로 리터칭을 한다. 금액은 범위에 따라 책정되지만 절대 저렴하지는 않다. 가격 책정 기준은 시술을 받는 면적 기준인데, 면적이 증가할수록 가격이 상승한다. 두피 문신을 받은 구준엽 씨의 경우는 전체 시술 형태로 대략 300만 원~350만 원 정도라 알려져 있다. 분명 큰 부담이 되는 가격이다. 그러나 평생 탈모약을 복용하고 비싼 두피 관리를 받고 모발 이식을 받은 이후에도 여전히 모발이 난 자리가 듬성듬성한 경우 충분히 고려해볼 만한 시술이라고 할 수 있다.

두피 문신의 만족도가 비교적 높은 경우는 정수리 부위 등 듬성듬성한 부위를 '채워주는' 목적으로 시술을 받은 경우와 전체탈모로 민머리에 모근을 표현한 경우 등이다. 마지막으로, 시술을 받기로 했다면 문신은 반영구적으로 두피에 남기 때문에 안정성이 떨어지는 불법시술은 피하고, 시술 사례가 충분한 실력 있는 작업자를 신중히 고르는 게 매우 중요하다.

두피 문신의 주의사항과 부작용

두피 문신을 받고 나면 주의할 사항이 몇 가지 있다. 먼저 시술 후 외출 시 모자를 쓰고 30일 정도는 자외선을 피해야 한다. 14일 정도 땀 흘리는 운동을 하지 않고, 찜질방과 같이 땀을 많이 배출하는 곳의 출입을 자제해야 한다. 그리고 같은 기간동안 보습을 유지하기 위해 글리세린 성분이 있는 화장품 등을 수시로 얇게 발라준다. 자극을 받은 두피가 완전히 회복하기까지 약간의 통증과 가려움이 있다. 이때 가려움이 느껴진다고 절대 긁거나 만져서는 안 된다.

두피 문신을 선택하지 않는 데는 부작용에 대한 두려움이 큰 몫을 할 것이다. 두피 문신은 점으로 미세량의 색소를 침착시키는 것으로 색소 주입 부위가 넓지 않기 때문에 일반 문신보다는 안전한 축에 속한다. 그러나 색소를 활용한 것이기 때문에 시간이 지나면서 파랗게 색이 바래거나, 본래 자신의 모발이 노화 등으로 희어질 경우 기존 모발과 색이 자연스럽게 어우러지지 않을 가능성을 염두에 두어야 한다.

또한 경험이 많지 않은 시술자가 작업할 경우 색소가 뭉치거나 균일하게 보이지 않을 수 있다. 밀도를 너무 촘촘히 시술하다 보면 나중에 점이 서로 연결되어 퍼져 있는 경우도 있다. 따라서 시술 사례가 충분한지, 시술 직후의 사진이 아닌 장시간이 지난 후 리터칭 전후의 사진 등이 있는지 확인하는 것이 중요하다. 어차피 사람 손으로 하는 일이기에 100%를 장담할 수 없지만 가격이 너무 저렴한 곳에서는 받지 않는 것이 좋다.

마지막으로 바늘을 이용하기 때문에 청결하고 위생적으로 시술하는지 또한 매우 중요한 사항이다. 두피 문신 시술은 SMP 타투샵(일반 기법과 다른 기법을 사용하여 SMP 타투라고 한다.)과 전문 병원에서 이루어지고 있다. 그러나 우리나라에서는 아직까지 문신을 의료 행위로 간주하고 있기 때문에, 법적으로 타투샵에서의 시술을 불법 행위로 규정하고 있다.

최근 논란이 되기도 했던 사안이기도 하다. 이에 대한 개인적인 견해를 뒤에서 다시 한 번 다루도록 하겠다.

두피 문신의 법적 논란

구준엽 씨의 경우처럼 성공적으로 시술 받은 사례를 통해 두피 문신에 대한 인식과 SMP 두피 문신을 전문으로 하는 타투샵이 대중화되었다. 그러나 앞서 언급한 것처럼 우리나라 현행법에서는 비의료인의 문신 시술을 의료행위로 규정하고 있다. 문신이 바늘과 주사를 활용한 신체에 침습적인 시술이기 때문이다.

시술 이후 자극과 색소 입자로 인한 가려움, 홍반, 피부 면역반응과 켈로이드 현상이 발생할 수 있으며, 이러한 이유로 헌법재판소는 문신업자가 의료인과 동일한 수준의 안전성을 보장할 수 없다는 판단을 내린 상태이다. 문신업자의 시술은 경계에 있다. 눈썹문신부터 개성을 표현하는 문신까지 타투가 너무나도 보편적으로 자리잡은 상황에서 불법이라고 해서 엄격한 단속에 나서지 않는다. 명백한 부작용이 발생했다는 경위와 진단서 등과 함께 신고가 들어온 경우 단속에 나서는 식이다.

탈모인 입장에서는 사실 시술하는 사람이 의료인인지가 중요한 게 아니라 시술자가 내 탈모 부위를 자연스럽게 커버해줄 수 있느냐가 더 중요하다. 그런데 현실적으로 기술이 뛰어나고 미용적인 감각을 가진 의료인이 드물기 때문에 시술의 실패로 여겨지는 게 아닌가 하는 생각이 든다. 기술이 뛰어나고 미적 감각을 가진 의료인이 시술을 하거나, 문신이 의료행위라는 족쇄로부터 자유로워지는 것이 우리가 갖고 있는 두 갈래 길이되, 후자는 이미 현재에도 행해져온 일이다.

나의 개인적인 생각은 두피 문신은 결국 미용의 영역이라는 것이다. 문신은 미적인 아름다움과 자연스러움이 성패를 가른다. 예술적인 영역에 가깝기 때문에 의료인이 아니라 디자이너나 타투이스트가 시술하되, 위생과 안전, 의료적 지식을 철저히 교육 받은 후 고객에게 문신시술을 하는 쪽으로 법제화가 이루어져야 한다고 생각한다.

최근에는 매장을 방문하시는 고객들을 보면 문신에 실패하신 분이 모발 이식에 실패한 분보다 많게 느껴졌다. 그만큼 많은 분들이 두피 문신에 대해 깊은 내용은 모른 채 선택하는 게 아닐까 싶었다. 흑채는 땀에 흐르거나 매번 지워야 해서 번거롭고, 모발 이식은 여러모로 부담되고, 가발은 부자연스러운 모습이 싫어서 상대적으로 간편할 것이라 생각되는 두피 문신을 선택하는 방식으로 말이다. 그런데 가끔 시술 후 1~2년이 지나 색소가 변색되어 파랗게 변하여 결국 가발을 쓰지 않으면 안 되는 지경까지 이르는 경우를 본다. 또 어떤 고객분들은 두상 전체를 시술 받고 옆선까지 파랗게 되어 어쩔 수 없이 옆선까지 가려지는 가발을 권할 수밖에 없게 되는 경우가 있다.

M자나 O자가 시작되는 분들이나 반삭 느낌이 어울리는 두상이 작고 예쁜 사람이라면 꼼꼼히 알아보고 신중히 결정하는 조건 하에 추천드릴 수 있으나, 그렇다 해도 선뜻 아주 쉽게 추천드리지는 않는다. 선택은 본인이 하는 것이지만, 요즘 탈모 해결책으로 떠오르고 있는 두피 문신의 장점과 단점을 충분히 알고 선택해야 할 것이다.

모발 이식

최근에는 매스컴과 유튜브 등에서 모발 이식을 받는 이들과 그들의 후기를 다수 접할 수 있어 과거보다 많은 이들이 탈모 치료나 헤어라인 교정을 목적으로 모발 이식에 대해 관심을 가지게 됐다.

모발 이식은 보통 탈모의 영향을 받지 않은 머리 뒤편에서 모낭을 채취해 탈모 부위에 이식하는 방식으로 이루어진다. 모발 이식 수술은 크게 방법에 따라 절개식과 비절개식으로 나뉜다.

먼저 절개식은 두피를 일정 부분 절개해 모낭 단위로 분리한 후 이식하는 방법이다.

반면 비절개식은 두피를 절개하지 않고 모낭을 개별적으로 채취해 이식하는 방법으로, 머리 뒤편을 삭발하지 않아 티나지 않게 수술 다음날 출근이 가능한 무삭발 비절개 이식부터 로봇에 의한 비절개인 아타스 비절개 이식까지 좀 더 다양한 방법으로 환자의 상황에 따라 선택이 가능하다.

메디컬투데이의 고동현 기자의 기사를 참고하여 이해를 돕고자 한다.

모발 이식을 하고자 하는 고객은 모발 이식에 있어 비용이 가장 궁금한 부분 중 하나일 것이다. 모발 이식 비용은 환자의 두피와 모발 상태, 이식 범위와 그에 따른 수술방법 및 이식술의 난이도, 이식 모수 등을 두루 고려하여 책정된다. 그러나 무엇보다 중요한 것은 재수술 생각을 하지 않을 만큼의 높은 만족을 주는 수술결과일 것이다.

공적인 모발 이식 수술 결과를 얻기 위해서는 모낭 채취와 이식을 모발 이식하는 의사와 협진 시스템을 보유해 시술하는 의사의 피로도를 줄여 보다 성공적인 모발 이식 수술을 할 수 있는 병원인지 고려해야 한다.

또한 정확한 상담을 통해 환자 개인이 맞춤 이식법을 제시할 수 있는 절개식 및 비절개식 등 다양한 수술법을 보유하고 있는지, 향후 탈모의 진행 상태에 따라 추가 이식을 고려하게 될 수도 있음까지 고려해 과장된 이식 모수가 아닌 적정선의 모수를 제시하는 곳인지를 살펴보아야 한다.

모발 이식 시술의 종류

자가 모발 이식은 본인의 모발을 채취하여 탈모 부위에 이식하는 것으로서 탈모 환자의 후기 치료에 널리 사용된다. 드물게 빠른 치료 효과를 보기를 원하는 환자에게 탈모약과 병행하여 시술된다. 자가 모발 이식은 펀치법과 미니크래프트법, 마이크로그래프트법, 단일식모술 등이 있다.

• 펀치법

펀치법은 직경 4mm 펀치로 10개 이상 모발을 이식하는 방법으로 이 방법은 1959년에 처음으로 개발되었다. 흉터가 남아 외관상으로 부자연스러운 단점이 있다.

• 미니 크래프트법

직경 2mm로 5개 전후의 모발을 이식하는 방법이다. 1980년대에 주로 시술되던 방법이나 흉터가 남고 외관상으로 부자연스럽다는 단점이 있다.

• 마이크로 그래프트법

마이크로그래프트법은 모발 2~3가닥을 단위수로 이식하는 방법이다.

• 단일식모술

단일식모술은 모발을 한 가닥씩 이식하는 방법이다. 모발 굵기는 경모에 속하고 모근이 굵은 동양인들에게 적합한 방법으로 흉터가 거의 남지 않고 외관상 자연스럽다는 장점이 있다.

모발 이식 후

• 두피 절개술

넓어진 두피를 일부분 절개하여 꿰매는 시술로서 정수리 부분의 두피를 앞쪽으로 당긴다. 시술로 흉터가 남는 단점은 있어도, 식모술보다는 자연스럽다는 장점이 있다.

• 냉동치료법

원형탈모증 치료방법의 한 과정이다. 원형탈모 부위에 적용되는 냉동치료법으로서 주 1회 냉동치료기를 이용 탈모 표면에 시술한다.

• 조직 확장기를 이용한 두피 재건술

조직 확장기를 삽입하고 팽창시킨 후 두피를 재건하는 시술이다.

수술 후 합병증 관리 및 득모하는 시술법

수술 후 합병증인 모낭 손상은 의사나 모낭을 다루는 간호사들에 의한 것만은 아니다. 수술을 받는 환자들 역시 책임이 있다. 모발 이식 수술 후 7~10일 간 이식모가 빠지지 않도록 주의해야 한다.

수술 직후는 모낭이 쉽게 빠질 수 있는데 10일 이내 모낭이 빠지면 다시 나지 않는다. 10일 이전에 이식 부위를 긁거나 부딪혀서 모낭이 빠질 수 있는 가능성을 줄여야 한다.

수술 직후 꼭 맞는 모자나 비니를 착용하기도 하는데, 진물과 함께 모자에 엉겨 붙으면 모자를 벗을 때 모낭이 뽑힐 수 있으므로 이식 부위에 무언가 닿을 때 섬세하게 주의를 기울여야 한다.

감염과 특정 약물 등에 대한 부작용도 이식모의 생착률을 저해시킨다. 이런 상황은 매우 드물고, 발생할 경우 조기에 약으로 치료가 가능하다.

생착률에 관여하는 'X요인'

의사가 최고의 기술로 최선을 다해서 수술을 하고 수술 후 환자가 관리를 적절하게 잘했는데도 불구하고 생착률이 높지 않을 수 있다. 의사나 환자로 인한 것이 아닌 불분명한 요인들이 있다. 환자의 체질적 특성이 저성장의 원인이 되기도 한다. 만성 염증 성향이 있는 환자는 합병증이 생기기도 한다.

이식 모낭의 생착을 저해하는 이런 예측할 수 없는 불분명한 요인들을 통칭해서 X요인이라 부른다. 이러한 이유로 실력 있는 의사에게 수술을 받고, 관리를 잘 하더라도 예기치 못한 결과가 생길 수 있어 모발 이식 결과에 대한 100% 보장은 쉽지 않다.

이식 후 소문과 속설

"탈모약 끊었더니 낙엽처럼 우수수 떨어진다." 사실 이 말은 절반은 맞고 절반은 틀린 말이다. 탈모약 복용을 중단하면 초기에는 탈락량이 늘어나는 것은 맞다.

탈모약은 탈모를 일으키는 호르몬인 DHT의 생성을 차단해서 모낭세포를 보호하는 역할을 한다. 큰 비가 와서 넘칠 듯한 강물을 간신히 막고 있는 둑에 비유할 수 있다. 비가 너무 많이 온다면, 즉 탈모 정도가 너무 심하다면 댐이 있어도 물이 일부 흘러내릴 것이다. 그리고 댐이 무너지면 그동안 막아두었던 물이 한번에 쏟아져

내릴 것이다. 하지만 그동안 지켜왔던 물이 빠지고 나면 흐르는 물의 양은 원래대로 돌아갈 것이다.

일정 수준 탈락이 완료되면 다시 본래대로 치료를 하지 않았던 상태에 가까워지는 것이다.

모발 이식 상담 시 질문 사항

아래의 질문 예시를 참고로 본인에게 필요한 질문을 함으로써 자신에게 맞는 모발 이식 방법을 찾을 수 있기를 바란다.

체크사항

- ☑ 삭발을 꼭 해야 하나요?
- ☑ 모발 이식 몇 모 정도 필요할까요?
- ☑ 3000모 정도 (비)절개 모발 이식 비용은 얼마나 하나요?
- ☑ M자 탈모에 모발 이식 적정 시기가 있을까요?
- ☑ 모발 이식 생착 기간을 대략 어느 정도로 잡아야 하나요?
- ☑ 이마가 엄청 넓은데 이마 거상이랑 모발 이식 말고 방법이 없
  나요?
- ☑ 모발 이식 통증은 어느 정도인가요?
- ☑ M자 이마에 비절개로 모발 이식 수술 받으려면 어떤 방법이

있을까요?

☑ 비절개 모발 이식은 흉터가 아예 없나요?

☑ 비절개 모발 이식이나 절개 모발 이식을 하면 몇 년 동안 유
지되나요?

☑ 정수리 쪽은 비절개 모발 이식도 가능한가요?

☑ 여성탈모도 모발 이식이 가능한가요?

☑ 모발 이식 다음날 일해도 되나요?

☑ 모발 이식 후에 베개를 베고 자도 되나요?

☑ 모발 이식 후 회복기 동안 머리가 안 빠지는 사람도 있나요?

☑ 모발 이식 후 회복기 동안 심은 머리만 빠지나요, 주변도 빠지
나요?

☑ 미니 모발 이식 수술도 가능할까요?

☑ 비절개 모발 이식 단점은 무엇일까요?

☑ 모발 이식 후에 계속 유지되나요? 얼마나 유지되나요?

☑ 모발 이식은 넓은 이마에도 가능한가요?

☑ 모발 이식 후에 안 오는 사람도 있나요?

☑ 모발 이식 후 관리방법은 어떻게 되나요?

☑ 모발 이식 비절개 수술하고 민머리로 다니면 티 나나요?

☑ 모발 이식 후 병원에 계속 가야 하나요?

☑ 모발 이식 절개 수술 잘못한 병원 대처를 어떻게 해야 될까
요?

☑ 모발 이식 실패 손해배상 가능할까요?

☑ 모발 이식 전에 주의해야 할 사항은 무엇인가요?

☑ 모발 이식 후 딱지는 언제 떨어지나요?

☑ 점을 뺀 부위도 모발 이식해도 되나요?

☑ 모발 이식 잘하는 곳은 오래된 곳이 답일까요?

☑ 두피 문신 위에 모발 이식할 수 있나요?

☑ 켈로이드성 피부인데 흉터가 많이 남나요?

☑ 남성 수염이식과 모발 이식이 동시에 가능한가요?

☑ 머리숱이 적은 게 모발 이식에 오히려 도움이 될 순 없을까
   요?

☑ 원하는 모발 이식 결과를 위한 수술 횟수는 어떻게 되나요?

☑ 모발 이식 생착률은 보통 어느 정도인가요?

☑ 이 병원은 모발 이식만 전문적으로 하고 있나요?

☑ 모발 이식 시술 건수가 몇 건인가요?

☑ 마취는 전신마취인가요, 국소마취인가요?

☑ 모발 이식 비용은 모수로 책정하나요, 모낭수로 책정하나요?

☑ 모발 이식한 환자들이 다른 환자들을 추천하나요?

☑ 저와 비슷한 형태의 수술환자 비포 & 애프터 사진이 있을까
   요?

☑ 환자의 모발 채취 부위 사진을 볼 수 있나요?

☑ 모발 이식을 하는 의사는 전문의인가요?

Chapter 4

가발 착용 성공 사례 및 상담 사례

가발 착용 성공 사례

축 처진 어깨의 학생에서 의욕 넘치는 사회인이 된 오랜 고객님으로 전형적인 유전형 탈모를 가진 고객님에 대한 일화이다.

현재까지도 우리 매장의 1등 고객인 고객이신데 처음 이 분을 만난 것은 고객님 나이 22살 때였다. 상담을 하기 위해 들어오실 때 키가 180cm 정도로 컸으며 머리숱이 별로 없어 2대 8 가르마 스타일로 넘기고 오셨다. 몇 가닥 남지 않은 머리카락을 연신 쓸어 올리던 모습에서는 절대 나이가 가늠되지 않는 난감한 상황이었다.

상담이 시작되고 보니 대학생이셨다. 중고등학생 때부터 부모님 심부름으로 술을 사러가도 전혀 의심을 사지 않았다는 것이다. 그런 그를 놀리는 친구들에게 익숙해져 가며 덩치도 같이 커져만 갔다. 하지만 좋아하는 친구 앞에서는 어깨가 처졌고 '머리' 이야기만 나오면 자격지심에 얼른 자리를 뜨곤 했다고 한다. 의기소침과 자존감 바닥으로 사람을 기피하며 학창시절을 보내고 대학생이 되었는데, 어느 날 문득 이렇게 살아서는 안 되겠다 싶어서 가발을 떠올리게 되었다고 한다. 그렇게 우리 매장으로 인도되어 나와 만나게 된 것이다.

그리고 짜잔 훨씬 여유 있고 자신감 있는 분위기로 이미지 변신에 성공하게 된다. 당시 아직 대학생이었음에도 불구하고 가발을 써야 하는 상황에 다소 억울한 마음이 들 수도 있었을 텐데, 본 바탕이 긍정적이었던지 도리어 '그간 왜 이렇게 혼자 끙끙 앓으며 고생했나' 싶었다며 가발을 맞춘 해를 기점으로 자존감이 많이 회복되고 전반적으로 삶에 자신감이 생겼다고 전해주셨다.

한 번씩 오실 때마다 의욕 있게 살아가고 계신 이야기를 전해 들을 때면 가발업에 종사하는 뿌듯함을 느낀다. 가발은 실로 개인의 분위기와 이미지를 바꾸고, 이를 통해 잠재되어 있는 내면의 자신감까지도 꺼내오는 힘이 있다고 느낀다.

고객님 개인의 귀중한 노력과 더불어 가발의 힘을 빌려 세련되고 여유 있어 보이는 인상으로 거듭나 인생역전(?)에 성공한 케이스이다. 오랜 고객님의 앞날에 앞으로도 무궁한 축복이 있기를!

상담 사례 1 : 가발 선택은 한 살이라도 일찍

성형, 가발, 안경에 나이의 제한은 없다. 성형과 안경은 이미 대중화 되었지만, 가발은 아직도 '내가 몇 살인데 벌써 써?' 하고 생각하시는 분들이 많다. 가족의 권유로 억지로 마지못해 끌려 상담을 오시는 40대, 50대, 60대 고객분들에게도 이야기를 나누어 보면 이렇게 생각하시는 경우가 많다. 요즘은 20, 30대 고객분들도 많이 찾아 오시는데 말이다.

탈모임에도 절대 가발은 안 쓴다는 사람들은 가발 쓴 티가 나기 때문이라고 한다. 그래서 그냥 탈모를 견디며(?) 사는 분들도 많고, 한번 쓰기 시작하면 계속 써야 할 것 같아 아예 시작할 엄두를 못내는 분들도 많다. 그런데 결혼식, 면접, 사진 촬영, 상견례 등으로 가발 대여 서비스를 이용해 보고는 생각한 것보다 괜찮다고 하시며 맞춤가발을 맞추러 오시는 경우도 상당히 많다.

수많은 탈모인들과 상담을 해오면서 느낀 점은, 가발을 하기 전에는 각자 다른 이유로 걱정을 하시지만 일단 맞춤가발을 하고 나면 한결같이 "진작에 할 걸 그랬어."라고 말씀하신다는 것이다. 매장을 찾는 고객들 중에 연세가 지긋하신 분들은 젊은 시절에 탈모 기미가 보일 때 관리에 소홀했던 것을 안타까워 하시고, 외모 관리에 비용을 아끼지 않는 요즘 젊은 분들은 이것저것 다 해보고도 별 효과를 보지 못해 결국 가발을 맞추러 오시는 경우가 많다.

탈모 관리숍에서 몇 백만 원씩 하는 패키지를 끊어 탈모 관리를 해봤지만 비용도 만만치 않은데다 만족할 만한 효과를 보지 못하기 때문에 드라마틱하고 빠른 결과물을 얻기 위해 과감하게 가발을 선택하는 빈도가 중장년층보다 젊은 층 사이에서 높아졌다. 요즈음은 정말 자기 관리에 대한 관심이 높아졌음을 느낀다.

상담 사례 2 : 머리 문신 사이드 쪽은 신중하게

상담 예약이 가능한지 물어오는 전화가 왔다. 깨끗하고 신뢰감 가는 목소리의 고객이셨다. 약속한 시간에 오신 고객님은 20대 후반으로 언뜻 봐도 머리에 문신을 한 분이셨다. 인사를 나누고 본격적인 상담을 시작하며 살펴보니, 전형적인 M자, ㅇ자의 복합형 휴지기성 탈모에 해당하는 되는 분이셨고 그래서 듬성해진 부분을 문신으로 채우신 분이셨다. 예상대로 문신한 지 몇 년이 지난 시점이었고, 문제는 굳이 하지 않아도 됐을 사이드 쪽, 머리카락이 있는 곳도 빼곡히 문신이 되어 있다는 거다.

왜 머리카락이 있는 곳까지 문신을 했냐고 물으니, 나중에 빠질지도 모르기 때문에 했다고 대답을 하는 것이었다. 문신한 곳은 모두 약간 푸른빛을 띠고 있었고, 흉하게 느껴진다고 심정을 토로하시는 것이었다. 본인이 키가 커서 아직까지 모자를 착용하고 있진 않지만, 조만간 모자를 착용해야 하는 걸까 생각하다가 '무언가를 써야 하면 모자도 모자인데 가발을 착용하면 괜찮을 것 같아서' 인터넷에서 후기를 찾다가 꽂혀서 찾아 오셨다고 했다.

탈모가 진행중이라 무얼 하든 완벽한 커버를 장담할 수는 없다고 말씀드린 후 제작에 들어가기로 했다. 일단 고객님을 안심시켜 보낸 후 든 생각은 '문신하신 고객님들의 문제는 색상 변화도 있지만, 앞 페이스라인의 커버는 가능하더라도 사이드는 가발로 감춰서 머리스타일을 내야 되기 때문에 한계가 있다'는 것이었다. 문신을 해도 되지만 사이드 쪽은 신중히 생각하고 우선 놔두면 어떠실지? 꿈같은 이야기지만 문신 한번으로 당신의 미래가 끝까지 보장되는 것은, 현실적으로 어렵기 때문이다.

상담 사례 3 : 친구들과의 단체 사진 속 나만 노인이라면

40대 후반의 상담자였다. 보자마자 너무 놀랐다. 전화 상으로 40대 후반이라고 말씀하셨는데 실제 보니 60대 초반정도로 보였기 때문이다. 어리석게도 내가 전화로 예약 받은 분과 처음에 매치를 못 시킨 바람에 머쓱해지셨는지 고객님 입에서 솔직한 얘기가 나오고 말았다. 이렇게까지 빠진 줄 몰랐다고, 친구들과 놀러가 사진을 찍었는데 본인이 아닌 줄 알았다며, 뚜껑(?)이 날아가 동년배보다 훨씬 나이 들어 보이는 모습을 보고 충격을 받았다고 하셨다. 부랴부랴 약을 먹고, 무언가를 바르고 했지만 너무 많이 온 것 같아 포기할까, 어찌해야 하나 걱정하다가 모발 이식보다는 가발이 나을 것 같아 수소문해 찾아왔다고 하셨다.

우리가 잘 아는 이야기가 있다. 개구리를 큰 솥에 넣고, 불을 지

피면 서서히 더워지는 솥 안에서 개구리는 자기가 죽어가는 줄 모르고, 따뜻함에 취해 열기에 익숙해져 가듯, 탈모도 거울 앞에서 좀 더 좀 더 하다가 세월과 함께 나의 삶을 좀먹고 있는 건 아닐까?

잘 살펴야 할 것이다. 길어진 인생에 젊음의 시간도 함께 길어진 만큼 지금이라도 가발을 제작하기로 했다고 하셨다. 간과해 온 세월의 간극을 과연 맞춤가발 하나로 얼마나 메울 수 있을지, 피팅날이 반쯤 걱정되고 반쯤 기대된다. 그래도 화이팅!

상담 사례 4 : 사랑은 가발 쓴 신랑을 결혼식장으로 데려다준다

결혼식을 앞둔 신랑분께서 예약을 해 오셨다. 20대 중후반의 건장한 분이었는데, 머리카락이 없으셨다. 그리고 젊어도 너무 젊은데 벌써 결혼을? 내 아들도 조만간 결혼을 하겠구나 하는 데 생각이 미쳤다. 내 아들같아 잘해 드리고 싶었다.

함께 오신 신부님은 올리비아 핫세가 연상되는 매력적인 눈을 가지고 있었고, 꽁냥꽁냥 어린 커플이 퍽 예뻤다. 서로를 바라보는 눈에 사랑이 뚝뚝 떨어졌다. 집은 부산인데 젊은 사람 머리를 잘한다고 해서 소개받고 오셨다고 했다. 감사했다. 최선을 다해드리겠노라고 말하며 계약서를 작성하는데, 고객님의 손가락이 눈에 들어왔다. 손에 검지와 중지가 없었다. 나의 섣부른 연민과 안쓰러움의 눈빛으로 혹시 마음 다치시지 않을까 아무렇지 않은 듯 봤는데 신부님과 눈이 마주쳤다. 서로 미소를 지었다.

예비 아내는 결심하지 않았을까. 머리도 손가락도 그의 모든 것을 사랑하겠노라고... 한 달 후 가발이 도착했고, 고객분과 상의 후 요즘 트렌드에 맞춰 아이비리그 컷을 해드렸다. 만족하시는 모습을 보고, 어깨가 뿜뿜! 결혼식이든 뭐든 행사가 있는 고객님께는 시간과 상관없이 나의 무한 서비스가 작동한다. 11시 결혼식에 맞춰 아침 7시에 매장 방문을 도와드렸다. 돌아가는 두 분의 뒷모습을 보며, 잘 살기를, 잘 살아내기를 잠깐 기도드렸다.

상담 사례 5 : 호의에는 호의로

베트남 여성분이 아들과 함께 오셨다. 본인의 부주의로 이번에 중학교에 들어가는 아들이 어릴 때 머리에 화상을 입었다고 하셨다. 안타까운 마음에 벌써부터 어떻게 더 잘해드릴까 하는 생각으로 머리가 가득 찼고, 넉넉치 않은 형편으로 보여 이 가격을 어찌 납득시킬까 걱정이 앞섰다. 나의 잘 포장한 말에 감사하다를 연발하며 돌아가셨고, 돌아가는 두 사람의 뒷모습을 보며 내심 스스로 괜찮은 사람처럼 느껴지기도 해 마음이 한껏 부풀어 올랐다.

한 달 후 가발이 도착했고 검수를 마치고 피팅 일정을 잡았다. 당연히 잘 빠졌고 아이도 나도 좋아했다. 두 달이 지났을까? 다시 매장을 방문한 모든 고객님께 가발 손질비로 방문 시마다 서비스 금액을 받는다. 고정 가격은 4만원이지만 고객님께는 2만원이라고 말씀 드렸다.

　그런데 2주마다 오시기가 부담스러웠는지, 다른 곳보다 많이 받는 거 아니냐며 의심 어린 말씀을 하시기 시작했다. 학생이라 친구들과 놀다가 떨어지기 쉽기 때문에, 예약 주기를 좀 더 짧게 2주로 잡은 것이었다고 설명을 드려도 들으려고 하지 않고 사기 당한 것 같다 하시며 급기야 경찰에게 전화가 오는 상황까지 발생했다.

　나의 호의가 난도질당한 느낌이었다. 나는 나의 장점이라고 생각하는데, 세상 사람들이 아무리 옳다 하건 틀렸다 하건 아니다 싶은 건 끝까지 밀어붙이는 면이 있다. 마음이 갈급할 때는 별것 아닌 일에도 혹은 호의도 부정적으로 느껴질 때가 있음을 알기에 그 어머니 편에서 이해해 보려고 했다. 그동안 살면서 많이 당하고 사신 걸까? 다시 어머니와 대화를 시도했다. 그러나 역시 각자의 다른 관점에서 나오는 말만 쏟아냈고 나는 결국 가발을 드리며 타사에서 관리 받으시라고 말씀드렸다. 고객님은 아이의 손을 잡고 쌩 가버리셨다. 내 마음은 오히려 후련했다. 그런데 며칠 후, 이주여성 책임자라는 분과 함께 매장에 다시 오셨다. 오해한 것 같다고 하시며, 책임자분의 간곡한 부탁에 다시 매장으로 오게 되었다고 하셨다.

　나는 아이에게 미안했다. 세상을 살다 보면 이타심이 한껏 부풀어 올라 계산 없이 호의를 베풀고 싶을 때가 있다. 또 호의가 뒤통수 칠 때가 있다. 반대 입장에서 그 호의가 미심쩍을 때도 있을 것이다.

그래도 신중하게 생각하고 행동하여 굴러들어 온 호박을 차는 일은 없었으면 한다. 나 역시 남이 보여주는 호의와 사랑에 온전히 감사하며 살아야겠다고 다시 한 번 다짐해 본다.

상담 사례 6 : 매력부자도 탈모는 못 피해

수트를 입은 당당한 느낌의 예약 고객님이 들어오셨다. "날이 너무 더워 아이스아메리카노를 먹고 싶어 샀는데 몇 분이 계실지 몰라서." 하시며 커피를 건네주셨다. '배려가 몸에 배인 매력적인 분이다' 라고 생각하던 중에 본인의 고민을 털어놓으셨다.

현재 조그만 업체를 운영하고 있는데 거래처에 본인보다 젊은 40대 대표들이 많다고 하셨다. 자신은 아직 젊은데 자신에게 너무 웃어른을 대하는 듯한 행동과 말을 해와서 친분관계를 쌓아야 유리한 거래에 오히려 불편함이 있다며 도저히 어떻게 대해야 할지 몰라 애를 먹는다고 하셨다. 머리카락이 많이 없어서 나이 들어 보이기 때문에 본인을 웃어른으로 알고 어렵게 느끼는 것 같다고 하시며 고민 끝에 왔다고 말씀하셨다.

말씀하시는 태도와 행동, 자세, 표현 등 곳곳에 편안함과 센스가 돋보이는 분이라, 정말 스타일만 챙긴다면 하시는 일도 잘될 것 같다는 생각이 들었다. 최선을 다하겠다고 말씀드리고 돌려보낸 후 그분의 말씀 한 마디가 불쑥 떠올랐다. '나는 아직 젊은데..' 라는 말이었다. 사람을 보면 우리는 외면과 내면 중에 어디를 먼저 볼까?

궁극적으로는 내면이 중요하다고 생각하지만, 내면을 알고 싶게 되기까지는 외면의 도움을 받아야 내면을 보여줄 수 있는 기회를 얻게 되는 것 아닐까 하는 생각이 들었다. 매력을 드러내고 싶은가? 그럼 매력이 시작될 계기를 조금 만들어보아야 할 것이다.

상담 사례 7 : 억지는 사양합니다

상담을 하다보면 여러 종류의 심리를 알아가는 게 있다. 하루는 타사 가발을 착용하는 분과 상담을 했다. "본인은 타사의 멤버십 제도에 부담을 느껴 금액을 아껴볼까 하는 마음으로 다른 제품을 찾고 있다."는 말을 이리저리 돌려가며 애매하게 말잔치를 하길래 "요즘은 누구나 할 것 없이 다 힘들지요. 이 이상 여유가 없습니다. 어떻게 도와드리면 될까요?"라고 직설적으로 묻자마자 얼굴이 불그락푸르락 해지며 무시하냐고 화를 내는 것이었다. 이 무슨 날벼락인지.

결국 타사와 같은 금액대의 멤버십을 권했는데 고객님은 말이 안 통한다고 말하며 일어섰다. 처음 매장을 열었을 때 열정으로 똘똘 뭉쳐 있어 고객님들이 가발 티가 나게 착용하면 열정이 넘친 나머지 화를 내며 자연스럽게 가발을 쓰는 법을 설명하곤 했는데, 이젠 그 열정 대신 노하우가 채워졌는데도 불구하고 자존심만 가득 차대접 받기를 바라는 사람들을 보면 배알이 꼴린다.

경제적 여유가 없으면 없다고 솔직히 말하면 그 사정을 모르는 바가 아니라 인간적인 정으로 고객의 사정을 감안해 직정선을 제안하기도 한다. 그런데 마음도 자존심도 경제적 비용도 절대 손해 보지 않으려는 마음 앞엔 왜 이렇게 속이 편치 않은지 모르겠다. 서로 인연이 아니라는 생각으로 그래도 그 분과 맞는 좋은 곳에 인연이 되기를 바란다.

상담 사례 8 : 가던 길 가세요

한 손님이 예약 없이 불쑥 들어오셨다, 지나가는 길인데 잠깐 상담할 수 있냐고 말씀하시는 것이었다. 바쁜 시간은 아니었지만, 예약하고 오신 분들의 정성과 '지나가는 길인데'라고 정말 지나가는 사람처럼 불쑥 들어온 분의 부담 없음의 차이가 보이는 순간이었다.

예약을 한다는 건 그동안의 고민 끝에 어렵게 결정을 내리고 방문을 하는 분들이기에 그들의 절박함이 느껴지는 반면, 지나가다 오신 분들은 어떤 식으로든 말이나 한 번 들어 보겠다는 심리를 깔고 있기에 상담 시 정성을 다해 설명하기가 어렵다. 그래서 더 고민의 시간이 필요한 분인 것 같아, 마음속으로 '네, 고객님. 다음에 예약 후 방문해 주세요.'라고 인사를 건넸다.

어떤 매장이든 몰라서 그러는 거라면 이해할 수 있지만, 알면서도 자신은 조금의 부담 갖지 않겠다는 의지로 기본예의조차 지키지 않은 건 좀 아니지 않은가? 생각해 볼 일이다. 그리고 나의 관대하지 못함에 대해서도.

상담 사례 9 : 귀여운 20대 아가씨가 원형탈모라니

활기차 보이는 외모에 이목구비가 귀여운 인상의 20대 후반 여성분이 오셨다. 모자를 쓰고 오셨는데 머뭇대며 모자를 벗으니, 모발 전체에 원형탈모가 번져 있어 마치 탈모가 온 흰색과 검은색이 반반으로 나뉜 듯한 모습이었다. 하긴 부쩍 늘어난 유형이긴 하지만 처음에 병원에서 적극적인 대처를 했더라면 이렇게까진 되지 않을 수 있다는 사례를 충분히 보아온 터라 안타까웠다.

방문학습지를 하시는 분이었는데, 지금까지 머리카락을 교묘히 쓸어 묶은 터라 친구들조차 모른다고, 하지만 최근 탈모가 더 심해져 이제는 도저히 어떻게 해볼 수 없어 찾아왔노라고 하셨다. 급성탈모에 해당하는 원형탈모가 이 정도까지 되었다면 그동안 좋아졌다, 안 좋아졌다 여러 차례 반복이 되었다는 것을 익히 아는 터라 위로의 말을 건네기보다 기술적으로 해결은 간단하다고 말하고 어쩌다 이렇게 놔두셨냐고 물으니, 회사 일로 스트레스가 몇 달째 지속되었고, 바쁘던 중에 머리를 좀 다듬어야 되겠다 싶어 들른 미용실에서 원형탈모가 있다는 말을 들었다고 하셨다.

처음엔 50원짜리 동전 크기만 하더니, 점점 100원, 500원 동전 크기로 커졌지만 바쁘기도 하고 나아지겠지 싶어 그냥 두었는데 몇 달 후 미용실에 갔더니 "어머 병원 안 가셨나 봐요." 하며 뒷거울을 보여주는데 1개였던 원형탈모는 3군데로 번져 있었다고… 그게 시작이었다고 말했다. 스트레스로 인한 급성탈모로 생각되었다. 그 뒤 병원에 다니며 치료를 받고 있지만, 현재까지 이러고 있다며 속상해하셨다.

원형탈모는 청장년층 가리지 않고 출몰하여 이제는 흔한 질병이라 여겨지는데, 원인이 모두 스트레스인 걸로 보이니, 탈모관리 이전에 각자의 정신 건강 관리 또한 게을리 하지 않아야 할 것 같다. 원형탈모의 교과서적 설명은 '자가면역계 이상으로 밖에서 오는 바이러스 이물질 세균으로부터 내 몸을 보호해야 할 면역계가 오히려 나를 공격하는 현상'이다. 매장에서 많이 보아온 형태로는 탈모가 점처럼 아주 작게 혹은 어느 날 50원, 100원 크기로 시작하는 경우가 있다. 그냥 두면 다시 원래 상태로 돌아오는 경우도 많지만, 2% 정도는 점차 커지며 일상의 소소한 행복조차 앗아가 버리는 질환으로 바뀌는 경우가 있다.

가장 좋은 해결방법은 어쩔 수 없이 스트레스가 심한 날에도 '뭐 어쩌겠어'라는 마음으로, 틈틈이 편한 친구들과 만나 맛난 음식 먹고, 수다 떨고 하루를 보내는 것이다. 또 바쁜 일상 속에서 지나가는 봄, 여름, 가을, 겨울의 변화에 눈을 두고 잠시 걸음을 멈춰 숨을 고르는 시간도 가져보고, 마음을 평온하게 유지하는 것일 테다.

전쟁터 같은 세상에서 이제부터는 누가 뭐라든 나만의 여유로움으로 지내봄이 어떨까? 힘든 날들을 많이 지나 왔고, 아직 지나고 있고, 앞으로 지나야 할 날들이 많지만 세상 후배님들께 진심으로 응원을 보낸다. 넘쳐나는 스트레스에 휘둘리지 말고, 묵묵히 그대만의 봄을 기다릴 수 있길 말 한마디 남기며 이만 총총.

상담 사례 10 : 멸치 같은 놈이 건넨 염색약에 뿔난 할머니

하동에서 할머니 한 분이 오셨다. 김해 사시는 친구분의 소개로 오셨다고 한다. 사연인즉슨, 햇빛이 고운 봄날 시골집 문을 열어둔 하동 자신의 집에서 마루에 앉아 염색을 하려는데 웬 멸치 같이 빼빼마른 남자가 들어와서 하는 말이 "어머니 염색하시네, 귀찮을 건데~" 하면서 요즘엔 약이 좋아 한 번만 바르면 다시는 염색을 안 해도 되는 좋은 약들이 많다며 하나를 건네온 것이다.

저녁에 한 번만 바르고 주무시면 염색할 필요 없다는 말에 세상이 좋아졌으니 매번 염색하지 않아도 되는구나 하며 정성껏 바르고 주무셨다는 것이다. 아침에 일어나서 보니 그대로기에 혹시 덜 발라서 그러나 싶어 한 번 더 바른 후 머리를 감았는데 이게 웬걸! 약을 바른 부위에 털이 싹 없어지고 TV에서 본 황비홍처럼 보이더라는 것이다.

그래서 그 뒤로 병원을 다녀 봐도 머리가 나지 않아 "남사시럽어서 살 수 없다"고 하소연을 하니 김해 친구분이 여기를 소개시켜 주더라는 것이었다. "그 멸치 같은 놈이, 원." 말을 다 잇지 못하시고, 아직도 분해 하시는 할머니를 보며 얼마나 속상하실까 싶은 마음이 들었다.

이 글을 읽는 분들은 신약이 모든 시행착오를 마치고 출시될 때까지 혹하는 마음을 진정시킬 수 있길 바라는 바이다.

Chapter 5

탈모상식

탈모 예방관리

하루에 빠지는 머리카락 수 확인하기

동양인 기준 머리카락의 수는 10만 개 안팎으로, 하루에 빠지는 머리카락 수는 50~100개 정도이다. 환경과 체질에 따라 다를 수 있으나, 100개 이상이 빠지게 되면 탈모로 분류된다.

탈모에는 질병형 탈모와 유전적 탈모가 있다. 먼저 질병형 탈모에는 극심한 스트레스 등으로 인해 발생하는 소아 탈모, 산후 탈모, 호르몬 불균형으로 인한 탈모가 있다. 질병형 탈모의 경우 조기 치료를 통해 완치가 가능하고, 개입 시기가 이를수록 그 확률이 높다.

질병형 탈모는 유전형 탈모와 달리 머리카락이 한꺼번에 많이 빠진다는 점에 유의하면 어떤 탈모인지 구분이 용이하다. 유전적 탈모의 경우 완전한 방지가 아니더라도 간단한 두피 마사지 등을 통해 모근을 강화시켜 건강한 모발을 갖는 것이 탈모 지연에 도움이 된다. 탈모 예방에 좋은 생활 습관은 이어지는 6장 탈모 예방에 좋은 생활 습관과 7장 본머리 모발 관리 방법을 참고하도록 하자.

탈모의 원인 분석

극심한 스트레스가 가져온 급성 탈모

2018년 호주 언론사 7News는 여행 도중, 길을 잃어버린 뒤 극심한 스트레스에 빠져 탈모 증상이 온 네 살 소녀 엘렌의 이야기를 실었다.

체코의 한 부부가 아이들과 함께 해변으로 여행을 떠났다가 잠시 한눈을 판 사이, 딸 엘렌이 수많은 인파에 휩쓸려 사라져버렸다. 이에 부인은 남편과 함께 딸의 이름을 부르며 찾아 헤맸는데 다행히 몇 분 지나지 않아 엘렌을 찾게 되었다.

엄마 품에 안겨 서럽게 우는 딸을 달래며 안도하는 것도 잠시, 엄마는 너무나 끔찍한 상황에 크게 놀라지 않을 수 없었다. 엘렌의 머리카락 한 뭉텅이가 쑥 빠지더니 결국 순식간에 대머리가 되고 만 것이다.

딸을 데리고 서둘러 병원을 방문해 검진을 받아보니 극심한 스트레스가 원인으로 엘렌의 머리카락이 다시 자라날 확률은 단 2%

밖에 되지 않는다는 진단이 나왔다. 길을 잃어 부모와 떨어진 시간이 단 몇 분에 불과한데도 그 스트레스가 얼마나 극심했는지 머리가 전부 빠져버린 것이다. 그러나 엘렌의 엄마는 희망의 끈을 놓지 않고 딸이 상처받지 않도록 세심하게 노력하며 집에서 계속 치료를 받게 하고 있다고 한다.

그리고 현지 매체와의 인터뷰를 통해 "딸의 머리카락이 제 손에서 우수수 떨어지는 것을 보았을 때 너무나 놀랐습니다. 아마 엘렌에게 엄청난 트라우마였던 것 같습니다."라고 말했다.

스트레스는 탈모에 얼마나 영향을 미칠까?

털은 우리 신체의 반응, 그중에서도 스트레스와 관련이 깊은 것으로 보인다. 실제로 스트레스는 탈모 유발 인자를 촉진한다고 알려져 있다. 아무리 세상이 공평하지 않다지만, 탈모로 인한 스트레스가 또 다시 탈모를 불러일으키기도 한다니 억울하기도 하거니와 엎친 데 덮친 격이 아닐 수 없다. 극심한 스트레스 받으면 1년 만에 머리카락 반쯤 빠질 수도 있다는 기사가 2018년 1월 22일 《이코노미조선》에 실릴 정도로 탈모는 심각한 문제다.

〈스트레스로 발생한 탈모, 어떻게 해야 할까?〉《메디컬투데이, 2021. 7. 23》에 따르면, 스트레스성 탈모란 말 그대로 과도한 스트레스로 인해 발생한 증상이다. 스트레스라고 할 때 대표적으로 떠오르는 정신적인 스트레스 외에도 육체적 피로, 영양 실조, 면역력 저하, 큰 수술 이력, 기후가 다른 해외 생활 혹은 새로운 계절과 같이 온도나 습도의 급격한 변화 등 물리적, 화학적으로 가해지는 모든 자극도 스트레스에 포함된다.

한편 〈스트레스성 탈모, 정확한 진단이 우선〉(《의학신문》, 2017. 12. 11)에서 전문의 기문상은, 스트레스를 받으면 뇌에서 부신피질이 자극되어 스트레스 호르몬인 코르티솔을 생산한다고 설명한다. 코르티솔은 적절하게 분비되면 스트레스에 대항할 수 있는 에너지와 활력을 공급하는 역할을 하는 한편, 반복적으로 분비될 경우 모세혈관을 수축시키는 악영향을 끼치기도 한다. 그리하여 모발에 공급되는 혈류와 영양분이 감소하여 뿌리가 가늘어지게 되고, 두피의 피지샘 활동이 증가하여 염증이 발생하는 것이다.

유전형 탈모와 달리 스트레스성 탈모는 최근 6개월 이내 급격히 발생하며, 대개 원형으로 발생한다는 특징이 있음을 유념하면 좋다. 다행인 것은 스트레스성 탈모의 경우 급성으로 발생하는 만큼 조기에 치료를 시작하고 관리를 철저히 한다면 치료 예후가 좋은 편에 속한다는 점이다. 유전성 탈모가 탈모의 근본 원인이 될 수 있지만, 스트레스에 노출되거나 급격한 환경 변화로 인한 이차적 원인으로 탈모가 발생한 경우 치료에 임하는 동시에 자신의 생활습관을 돌아보고 문제가 되는 부분이 있다면 개선하여야 만성 탈모는 물론 신체 기능 저하와 각종 질환을 방지할 수 있다.

탈모에 관여하는 호르몬

보통 40대 전후로 탈모가 심하게 진행된다고 알려져 있으며 이는 사실이다. 그런데 17세에서 30대 전후에도 급격하게 탈모가 진행된다는 사실도 알고 있는가? 최근에는 10대와 20대에서의 탈모, 그리고 여성탈모가 급증하고 있다고 한다.

여성의 탈모는 다이어트나 출산, 난소질환 때문이고, 남성의 경우에는 유전이나 스트레스이며 청소년의 경우에는 학업스트레스와 호르몬 분비 과다가 주원인이 된다.

병적인 탈모증의 원인 중 하나인 호르몬은 그 종류에 따라 탈모 종류를 구분하기도 한다. 모발의 성장과 탈락에 관여하는 호르몬은 크게 안드로겐, 에스트로겐, 프로게스테론, 코르타솔, 갑상선 호르몬, 뇌하수체 호르몬이다. 이 호르몬 중 모발의 성장 촉진에 관련된 호르몬은 에스트로겐, 갑상선 호르몬, 뇌하수체 호르몬이다.

성장 억제 혹은 탈락에 관련된 호르몬의 역할을 한다고 분류해 볼 수 있다. 이러한 호르몬들이 과도하게 분비되거나 결핍되는 등

불균형 상태를 이루는 것은 탈모를 더욱 악화시킬 수 있다.

국민일보 쿠키뉴스의 박주호 기자의 글을 보면 남성호르몬 안드로겐은 탈모에 가장 직접적인 영향을 미치는 호르몬으로 인체의 모든 모낭은 안드로겐의 영향을 받는다. 그러나 안드로겐은 몸의 털의 성장은 촉진시키지만 모발의 성장만은 억제시킨다. 특히 안드로겐과 탈모 촉진 효소인 리덕타아제의 결합으로 변형 생성된 디하이드로테스토스테론DHT은 모낭의 크기를 감소시키고, 모근을 공격해 성장기를 멈추게 하며, 휴지기를 길게 만들어 탈모를 유발하는 주범이다.

반면 여성호르몬 에스트로겐은 모발성장 인자는 활성화시키고, 탈모 인자는 억제시켜 튼튼한 모발을 만드는 데 중요한 역할을 한다. 그러나 과도하게 분비되거나 모자라면 모발은 가늘고 약해진다. 특히 에스트로겐은 여성의 황체 호르몬인 프로게스테론과의 균형이 매우 중요한데, 만약 자궁, 난소 등의 여성 질환으로 합성호르몬제를 장기간 복용하는 사람이라면 호르몬의 불균형으로 인한 탈모가 나타날 가능성이 높다.

스트레스 호르몬인 코르티솔도 모발이 휴지기에서 성장기로 가는 것을 방해해 모발의 성장을 억제시킨다. 부신에서 만들어지는 코르티솔은 급성 스트레스에 반응해 분비되며, 만성적으로 분비될 경우 우울증, 수면장애 등을 유발하는데, 이와 함께 피지선을 자극시켜 과도한 안드로겐의 분비를 유도해 탈모를 악화시킨다.

마지막으로 갑상선에서 분비되는 갑상선 호르몬과 인체 호르몬의 분비를 조율하는 뇌하수체 호르몬은 모낭 활동을 촉진시켜 휴지기에서 성장기로 모발의 변화를 유도하고 성장을 돕는다.

하지만 갑상선 기능 이상증이 있거나 뇌하수체 기능 감소증이 있을 경우 탈모의 위험이 높다. 갑상선 질환으로 인한 탈모는 주로 머리의 옆쪽과 뒤쪽에 생기는 특성을 보인다.

반면 뇌하수체 호르몬 이상일 경우 다른 호르몬의 분비를 억제하거나 촉진시키는 간접적인 작용에 의해 탈모가 발생한다. 이 두 호르몬은 단순히 탈모에만 영향을 미치는 것이 아니라 우리 몸 전반에 영향을 미치는 만큼 각별한 주의가 필요하다.

호르몬 균형 유지

호르몬제 복용과 식습관 및 생활습관 개선 통해 호르몬 관리가 최우선이다. 이처럼 탈모를 유발하는 호르몬의 작용은 매우 다양하고 복잡하다. 따라서 호르몬의 균형을 유지하는 것이 탈모 예방은 물론 건강을 지키는 데 있어 중요한 역할을 한다.

안드로겐의 과다 분비로 인한 탈모인 경우라면 피나스테리드 제제의 약물 복용으로 개선이 가능하다. 합성호르몬제 복용 등으로 여성호르몬의 불균형이 있는 상태라면 호르몬 수치 검사 후 적절히 양을 조절해 수치를 맞춰줘야 한다.

또한 부신 기관의 문제로 인해 코티솔 호르몬 분비에 이상이 있다면 부신 제거술 등의 치료로 좋아질 수 있다. 또한 갑상선 기능이나 뇌하수체 기능 이상이 원인이라면 각 기능의 치료를 통해 개선이 가능하다.

호르몬의 균형을 유지하기 위해서는 스트레스를 최소화하거나 식습관 및 생활습관 개선을 위해 노력하면 도움이 된다.

탈모의 주원인인 안드로겐의 분비를 자극하는 기름진 음식이나 패스트푸드 등의 음식은 피하고 검은콩, 검은깨, 두부 등 식물성 단백질 및 제철과일이나 해조류, 견과류 등을 섭취하는 것이 좋다.

우리의 건강을 위해 모두에게 적용되는 원칙이라고 할 수 있는 7시간 이상 충분한 숙면을 취하고 꾸준한 운동으로 규칙적인 생활습관을 유지하는 것도 건강한 호르몬 균형을 유지하는 데 도움이 된다.

탈모의 유형

탈모란 모발이 빠지거나 가늘어지는 것을 의미한다. 이는 모세포의 세포분열이 원활하지 못해 성장기가 짧아지거나 휴지기에서 다음 성장기까지가 길어짐을 나타낸다. 또한 자라난 모발조차 완전히 성장하지 못한 채 빠져버리는 비정상적인 상태가 지속되는 현상까지를 포함한다.

휴지기모는 모주기내 휴지기 기간의 탈모로서 자연적으로 벗어지는 모발이다. 휴지기모가 평균 14% 이상보다 많이 빠지게 되면 휴지기성 탈모증이 된다. 유전성탈모증과 산후탈모도 휴지기모 형태의 경우로 병적증상으로 진단된다.

위축모는 급성탈모로서 성장기 모근이 파괴되어 모발이 가늘어지는 현상이다. 대표적인 것이 원형탈모이다.

질병에 따라 다음과 같이 탈모를 분류하기도 한다.

휴지기성 탈모증

탈모의 원인은 성장기 모발의 단계에서 빨리 조숙해진 모발이 바로 퇴화기와 휴지기로 돌입하기 때문이다. 정상적 상태의 모발은 탈락되기 전 2~3개월 동안 휴지기를 유지한다.

그러나 휴지기 단계 돌입 후 충격이나 심한 스트레스, 고열, 수술 등의 의료적 문제, 철 결핍, 아연 결핍 등의 영양적 문제, 갑상선 항진, 저하에 대한 몸의 반응으로서 휴지기성 탈모증이 나타나기도 한다.

분만 또는 피임약 복용 후 탈모증

여성호르몬인 에스트로겐은 성장기모의 수명을 늘리는 작용을 하는데 출산이 가까워지면서 여성 호르몬의 분비가 증가하기 때문에 빠지는 털은 감소된다. 분만 후 탈모증은 출산 후 정상적인 호르몬 상태로 돌아가 성장기가 연장되었던 모발이 빠지게 되므로 탈모가 일어난다. 출산 후 2-6개월까지 계속되다가 약 1년 정도에는 원래의 상태로 회복된다.

피임약은 여성호르몬과 소량의 황체 호르몬을 배합한 것으로서 복용 중에는 임신 중과 유사 원리로 탈모가 감소되지만 복용을 중지하면 분만 후 탈모증처럼 탈모수가 증가하는 것을 피임약 복용 후 탈모증이라 한다.

남성형 유전성 탈모증(안드로겐 탈모증)

머리 앞부분에서 정수리 부분에 걸쳐 전체적으로 탈모되거나 앞머리가 점점 후퇴하여 가는 것이 특징이다.

여성에 있어서 남성형 탈모증(여성형 탈모증)

젊은 여성의 경우 변화가 없지만 대부분 여성의 탈모증상은 40대 전후로서 여성 호르몬 감소로 인해 남성호르몬이 두드러진다. 이는 남성형 탈모와 같은 형태로 앞머리, 정수리의 모발 밀도가 낮아지고 모발 굵기가 가늘어짐을 나타낸다.

또한 안드로겐 과잉 분비로 얼굴에 과다한 털과 지성 피부가 나타나기도 한다.

접촉성 피부염에 의한 탈모

두피에 염모제 또는 펌제 등의 과다 접촉 시 피부염을 일으키는 경우가 있다. 염증이 심해지면 탈모가 되는 경우로서 염증 치료 후에도 수주가 지나 휴지기성 탈모를 일으키는 경우도 있다.

내분비질환에 따른 탈모

뇌하수체에서 분비되는 갑상선 자극 호르몬에 따라, 갑상선에서 분비된 호르몬이 탈모를 일으킨다.

영양 장애성 탈모

다이어트나 단식 시 피부 건조와 함께 탈모가 유발된다. 기아 상태에 있는 개발도상국 아이들에게서도 자주 발견된다.

약제성 탈모증

항갑상선제는 갑상선의 기능을 억제하는 약으로서 투여 시 휴지기성 탈모를 유발시킨다. 항정신성제 역시 콜레스테롤 합성을 억제하기 때문에 모발의 각화가 제대로 이루어지지 않을 뿐 아니라 모세포 분화 장애에 따른 휴지기성 탈모증을 유발한다.

주로 약물에 의한 탈모로서 항암제를 투여하게 되면 세포분열이 활발한 생식 세포나 모모세포 등이 파괴되기 때문이다. 모발의 경우 위축모를 만들게 되어 상당히 심한 성장기성 탈모를 유발한다.

비타민A의 과잉에 의한 탈모

비타민 A는 정상적인 모발 발육에 빠질 수 없는 영양소이나 과잉 복용 시 피부건조와 탈모를 유도한다.

견인성 탈모증

부주의한 사고로 모발이 기계에 말려 들어가게 되어 탈모가 된 경우와 일반적으로 포니테일 머리형을 유지하기 위해 장기간 묶으면 측두부에 견인성 탈모가 유발된다.

성장기성 탈모증

성장기 증후군이 갖는 위축모는 성장기 모근이 파괴되어 가늘게 된 모발이다. 손으로 힘을 주어 약간만 당겨 보아도 쉽게 빠진다. 성장기에 있는 모발이 빠진다 하여 성장기 탈모증이라 하는데 성장기 기간이 짧아지고 바로 휴지기 상태가 된다. 의학적으로 원인 규명이 아직 밝혀지지 않았다.

원형 탈모증

모발 난 자리가 붉은 점처럼 보이면서 백반증을 동반한다. 대부분 머리카락에 발생하나 가끔 눈썹, 턱수염, 음모 등에서도 발생한다. 단발 또는 다발로서 손톱 크기부터 손바닥 크기까지 다양하며 다발이 융합해 전체 탈모로도 형성된다.

모근 주위의 말초 신경 이상에 의해 탈모증이 유발되나 스트레스가 원인이 되기도 한다. 원형탈모증 증상은 백혈구균이 모낭 내 모구를 공격하여 특별한 증상 없이 갑자기 원형 또는 타원형으로 탈모가 발생하는 경우이다.

원형탈모증의 예후로 성인은 원형탈모증이 단발인 경우 6~7개월 후에는 치료되나 다발형 또는 그 이상 넓은 범위의 탈모는 장기간이 소요된다. 소아의 경우는 재발되거나 더 증세가 심화되므로 세심한 주의와 치료가 필요하다.

압박성 탈모증

무거운 가발을 착용한다든지 수술 시 두부를 고정하고 난 후 받은 압박에 의해 2~6주 후에 일어나는 탈모이다. 일반적으로 위축모 형태로 빠지지만 경증이 경우는 휴지기모의 형태로 빠지는 경우도 있다.

장성지단

5~6세의 유아에게 발생하는 유전성 피부질환으로 손, 발가락에 작은 수포나 농포를 동반한 홍반을 만들고 결국 손톱의 변형이나 손톱주위에 염증을 일으키기도 한다. 이 피부염이 두피에 전염되면 전체 또는 부분적인 탈모가 일어난다.

반흔성 탈모증

모근의 파괴에 의해 일어나는 탈모증이다. 외상이나 화상 또는 방사선 조사에 의해 모근이 파괴되거나 피하조직까지 도달한 세균감염에 의해 흉터가 형성된다. 반흔된 두피의 모발은 영구히 자랄 수 없는 경우가 되기도 한다.

머리카락은 왜 빠질까?

앞서 6가지 호르몬에서 설명한 것처럼, 안드로겐이라고 하는 남성호르몬이 있다. 안드로겐은 안드로스테론과 테스토스테론으로 나눈다. 우리가 주목해야 하는 호르몬은 테스토스테론 성호르몬이다.

테스토스테론은 남성의 고환, 여성의 난소에서 생성되는데 중요한 건, 이 호르몬의 역할이다. 테스토스테론이 하는 일은 신체 모발의 성장을 돕고, 머리 부분의 모발을 억제하는 것이다. 테스토스테론에서 파생된 호르몬에는 고농도 남성호르몬인 DHT디하이드로테스토스테론, dehydrotestostrone이 있다.

이 DHT는 얼마나 강력한지 우리 두피 안에 수많은 머리카락집모낭이 있는데, 모낭을 머리카락집이라고 표현하겠다. 그리고 머리카락집 맨 밑엔 모유두라고 아기 젖꼭지 같은 게 그림과 같이 있는데, 모유두는 모세혈관의 혈액을 공급받아 모모세포로 보내는 일을 하며, 그 위로 자식 같은 모모세포들이 있다. 이 모모세포가 활성화되어야만 머리카락이 각화되어 올라가는 구조인데 이 DHT는 모낭을

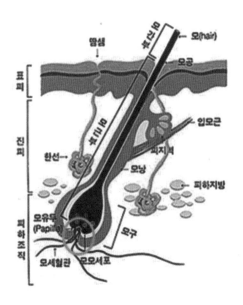

모낭의 구조

위축시켜 활동을 정지시키고, 단백질합성을 막아 모모세포를 죽인다. 힘을 빼는 정도가 아니라 아예 죽인다. 여기서 그치지 않고 과도한 피지로 모공을 막는다고 한다.

이 DHT를 억제하는 식품과 억제약이 있다. 피나스테라이스와 프로스카, 두타 등이 있다. 학계에선 효과가 2% 라고 하니 잘 살펴보고 복용하시는 게 좋다.

보통 우리가 알고 있는 남성 호르몬인 테스토스테론이 5알파 환원 효소를 만날 경우 DHT라는 호르몬으로 전환하게 되는데 이

DHT호르몬이 과도하게 분비되면 탈모를 유발하게 된다.

Testosterone+5a — R-)DHT+5DNA=Baldness, Alopecia

무슨 공식 같긴 하지만, 지금도 우리 몸에는 탈모유발효소인자인 DHT가 활발하게 활동하고 있다. 탈모란 모발이 빠지거나 가늘어 지는 것을 말하고, 이는 모모세포의 세포 분할이 활성화 되지 못해 성장기가 짧아지고, 반대로 휴지기에서 다음 성장기까지 길어짐을 말하며, 자라난 모발조차 성장하지 못하고 탈락되는 비이상적 패턴을 탈모라고 한다.

성장기, 휴지기에 대해 잠깐 설명하자면, 우리 머리카락 내에서는 성장주기가 있는데, 여성은 4~6년, 남성은 3~5년의 성장기, 30~45일의 퇴화기, 4개월~5개월의 휴지기, 그리고 탈락기로 나눈다.

이는 우리 일평생 한 모낭에서 많게는 20번, 작게는 15번 정도의 성장과 탈락을 반복한다. 아래 그림에서 주머니처럼 보이는 것, 이것을 주머니 낭자를 써서 모낭이라 한다.

두피 안엔 무수히 많은 모낭들이 있고, 그곳에는 그림과 같이 아기의 젖꼭지 같이 생긴 모유두에서 영양을 받아 모모세포가 활성화되어서 점점 각화되어 모발은 성장하게 된다. 모유두는 모발 굵기를 결정하기도 하고, 모모세포의 활성화에 따라 성장속도가 빨라지기도 한다.

무엇보다 탈모는 혈액순환이 안 되어서 빠진다는 말이 있는데 사실이다. 모유두가 모세혈관으로부터 영양을 공급받기 때문이다. 일반적으로 탈모원인은 영양의 불균형, 계절, 비타민 a의 과잉, 스트레스, 호르몬 불균형. 내분비계질환, 환경 등을 요인으로 꼽고 있으므로 스스로 체크하여 탈모예방에 유의하자.

피부의 구조

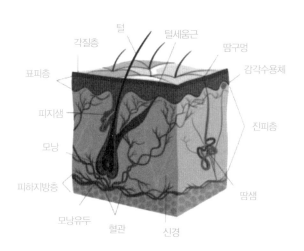

약물 치료방법

현재까지 병원에서 탈모증 치료제로 가장 많이 사용되는 의약품으로는 미녹시딜과 피나스테라이드가 있다. 미국 FDA승인을 받은 남성 탈모 치료제이다.

미녹시딜(혈관확장제, 혈압강하제로 개발)

미녹시딜은 고혈압 환자에게 사용하던 중 이마나 손등에 털이 난 것을 계기로 치료제로 개발된 약제이다. 이는 두피 도포용으로 남성형 탈모증에 사용된다. 작용기전은 알려져 있지 않으나 조직이나 혈액 내 임파구와 모낭 각질형성세포에 영향을 주는 것으로 예측된다.

효과 : 미녹시딜은 혈관을 확장시켜 두피의 혈류를 증가시킴으로

서 모모세포가 활성화되도록 유도한다. 항고혈압제로 사용되는 강력한 혈관확장제이다. 탈모진행을 더디게 하고 솜털을 자라게 하지만, 굵은 털이 길게 자라는 효과를 기대하기는 어렵다.

로가인(5%)

효과 : 두피에 하루 2번 도포하며 정수리 부위에 효과가 있다.
단점 : 여성에게 권장하는 2% 경구용은 가역적이긴 하지만 얼굴, 팔, 다리 등에 다모증을 유발하므로 미용상으로 사용하기는 어렵다.

피나스테라이드(프로페시아)

피나스테라이드는 남성형 탈모증과 전립성 비대증을 치료하는 약제 성분명이다. 원래 양성 전립선 비대증을 치료하기 위해 개발되었으나 연구 과정에서 모발의 성장을 촉진시킬 수 있다는 점이 밝혀지면서 탈모 치료제로 쓰이게 되었다.

효과 : 의사의 처방이 요구되고 일평생 지속적으로 복용해야 한다.

보통 6개월 복용 후에 효과를 볼 수 있다. 남성의 모발을 두껍게 하거나 탈모를 안정화 시킨다. DHT 생성을 억제한다.

단점 : 복용 남성의 약 2%는 성욕 감퇴를 나타냈으나, 복용 중단 시 성욕은 복구된다.

쏘팔메토

야자 열매 추출물 허브로서, 프로스카와 마찬가지로 전립선에 효과적이다. 탈모와 관련되어 있다는 연구발표는 없지만 테스토스테론으로부터 고농도 남성호르몬DHT생성을 감소시켜 준다.

탈모약 부작용에 대해

피로감과 무기력함

탈모약 부작용 첫 번째로 나타나는 것이 바로 피로감과 무기력함 그리고 우울증이다. 약을 복용하시는 분들 대다수가 복용 초반에 겪게 된다. 일을 하거나 운동을 하거나 일상생활 중에 하루 종일 피곤하고 무기력한 느낌이 들면서 심한 경우에는 우울증과 기억력 감소, 사고력 저하까지 경험하는 분들도 있다.

물론 사람에 따라 다르거나 건강상태에 따라 다를 순 있지만, 실제 사례들이 나타나고 있어 설명서나 겉면에 경고 문구가 의무화되고 있다. 따라서 탈모약을 복용하실 경우에는 아침이나 점심보다는 잠들기 전에 복용하시는 것이 좋다.

성욕감소 및 성기능 저하

두 번째는 바로 성욕 감소 및 성기능 저하 현상이다. 주변에서도 탈모약을 복용한 사람들은 대부분 성욕이 감소하는 것을 느낀다고 한다. 탈모약의 성분 중 남성 호르몬을 억제하는 부분이 있어 초반부터 12개월까지 발기부전 현상이 나타나거나 정액의 사정량이 떨어지게 된다. 물론 시간이 지나 서서히 괜찮아지는 사례도 있지만 심한 경우 고환통이 생기는 경우도 있어 주변 비뇨기과를 방문하여 전문의와 상담하시는 것이 좋다.

여성형 유방증

세 번째는 여성형 유방증이다. 여성형 유방증은 남성 유방의 한쪽, 혹은 양쪽 모두 과다하게 발육된 상태를 말한다. 마치 겉으로 보았을 때의 모습이 여성의 가슴과 비슷하여 스트레스를 일으키는 질환으로 남성유방병에서 가장 흔하게 나타나고 있다. 이처럼 남자인데도 가슴이 커지거나 통증이 생겨 일상에 지장을 주는 부작용이 발생할 수 있다.

임신 중 기형 초래

임신을 한 여성분들은 새로 태어날 태아를 위해 조심해야 할 부분들이 많지만, 특히 약을 가려 먹어야 한다. 탈모약도 임신 중에 먹는다거나 복용 중 임신을 하게 되면 태아의 호르몬 생성이 억제되어 생식기 기형을 초래할 수도 있다. 또한 피부로 흡수되는 약도 있기 때문에 유의하여야 하며, 남성분들도 아내와 자녀 계획이 있다면 최소 한 달 전에는 약을 중단한 후 부부 관계를 가져야 건강한 2세를 보실 수 있다.

간이 좋지 않은 사람은 피해야 한다. 평소 간염이나 지방간이 있는 분들은 피하시는 것이 좋다. 탈모약은 간에서 분해된다. 간기능이 좋지 않을 경우 제대로 분해되지 않아 혈중농도가 지나치게 상승해 탈모약 부작용으로 간기능 장애가 발생할 수 있다. 평소에 자신의 간 건강 상태가 정상이 아니라면 약의 성분이 간에 무리를 줄 수있기 때문에 복용 전 미리 꼼꼼히 체크하시는 것이 좋겠다.

대표적인 탈모약 부작용 5가지를 살펴보았다. 사람에 따라 다르겠지만 복용 초기부터 1년 정도는 위의 내용에서 해당되는 부작용이 발생하지만 시간이 지나면 서서히 괜찮아지는 경우도 많은 것같다.

그러나 실제 연구결과의 내용을 자신이 직접 경험해 보고 싶은사람이 아니라면 약 복용을 자제하는 것이 좋다. 낮은 확률이라 하더라도 만일 부작용이 나타난다면 피해는 100% 내 몫이기 때문에. 하지만 심리적인 요인이나 개인의 건강상태, 자연스러운 노화 과정등 복합적인 영향으로 나타나는 부작용에 대해 과도한 걱정은 금물이다. 모쪼록 모두 건강한 두피와 모발을 유지하길 바란다.

약 부작용 사례

모자를 푹 눌러 쓴 얼굴에 털이 많이 난 고객님이셨다. 털 사이로 피부는 하얀 편인 듯한 분이었지만, 솜털이라 하기엔 색깔이 검정에 가까운 얼굴로 약물 부작용으로 얼굴에 털이 많이 났다며, 얼마 전부터 약을 안 먹기로 해서 좀 있음 괜찮을 거라 하시며 모발 이식도 겁나고, 가발은 왠지 싫고, 그리는 건 더 싫고 해서 선택한 것이 약물이었는데, 먹고 나서 2개월쯤부터 몸 전체에 털이 나기 시작했다고 한다.

곧 괜찮아질 거라는 의사의 말을 듣고, 아내와의 부부관계도 하지 못한 채 3개월을 버텼다고 한다. 다행히 머리에 털이 나긴 했는데 얼굴에도 털이 너무 나서 약을 더 복용할 수 없게 되었다고 한다. 아이가 초등학교 들어가기 전에 뭐라도 해서 탈모를 개선하고 싶었다고 하시며 지인의 소개로 오셨다고 했다.

상담을 통해 파악하고자 하는 것 중 하나는 얼굴형과 피부색깔을 확인함으로써 이미지를 연상해 보는 건데 털이 없어지면 어떤 얼굴이 나올지 도무지 알 수가 없었다. 그리고 2개월 후 제품이 도착하면 오시라고 하고 제작에 들어 갔고, 시간은 흘러 피팅날이 되었다.

고객님의 모습은 미소년을 연상할 만큼 깨끗한 흰 피부를 가지고 있었고, 혹시나 했던 칼라색상이 잘 어울려 고급스런 이미지로 체인지 되었다. 따라온 아내도 놀라며 "진작 하지." 하며 만족해 하셨고, 고객님 역시 쑥스러우신 듯 "그러게…하도 가발스러운 거만 봐서…"라며 좋아하셨다.

약물 부작용으로 신장, 두통, 간, 성욕감퇴 등에 대해서는 많이 들어봤지만 이렇게 얼굴에 털이 나는 건 처음 보는 것이라 아직 알려지지 않은 더 많은 부작용이 있지 않을까 생각해 본다.

Chapter 6

탈모 예방에 좋은
생활 습관

탈모예방 식이요법

식이요법의 요점은 포화지방(동물성기름)과 정제 설탕이나 당분이 많이 들어있는 음식을 최소화시키는 것이다. 동물성 기름이 대부분인 포화지방은 남성호르몬의 혈중 농도를 높이고, 당분이 많은 음식은 인슐린 호르몬의 분비를 높여 그 결과로 필수지방산인 아라키돈산 생성을 증가시킨다. 아라키돈산은 남성호르몬 생성의 전구체로서 남성호르몬의 분비를 높인다.

단백질 : 탄수화물 : 불포화지방 = 30 : 40 : 30 비율의 식단으로 구성한다. 기름기가 제거된 고기, 닭고기, 생선(특히 등 푸른 생선), 식물성단백질(콩) 등을 이용한다. 과일, 채소, 콩 등을 많이 섭취하고 감자, 파스타, 빵 등 밀가루 음식은 되도록 피한다. 술, 담배, 카페인, 인스턴트식품보다 자연식품을 섭취하며 과식하지 않고 조금씩 자주 먹는 식사 습관을 가진다.

두피에 좋은 음식 / 탈모에 좋은 음식

양파즙

양파즙 안에 들어있는 유황성분이 모발의 재성장을 돕는다. 원형 탈모증이 있는 사람들을 대상으로 한 연구에서 절반은 두피에 양파 즙을 하루에 두 번 발랐고, 나머지는 수돗물을 사용했다. 2주 후 양 파즙을 바른 그룹의 74%에서 약간의 머리카락이 다시 자란 것으로 나타났다. 수돗물 사용자는 13%에 그쳤다.

철분

철분은 혈액을 만드는데 도움이 된다. 철분 수치가 낮은 것은 탈 모와 관련이 있다. 철분이 풍부한 식품으로는 고기, 생선, 두부, 브로 콜리 등이 있다. 식품이 아닌 철분 보충제를 섭취하려면 먼저 의사 와 상담을 해야 한다. 너무 많이 섭취하면 구토와 변비가 발생할 수 있으며 매우 높은 복용량은 치명적일 수도 있다.

비오틴

일부 의사들은 탈모 치료를 위해 비오틴(일명 비타민b7)을 처방한다. 비오틴은 달걀, 밀의 배아. 버섯 등의 식품에도 풍부하게 들어있다. 많은 헤어 제품들이 비오틴을 함유하고 있다는 것을 내세운다.

아연

아연은 사람을 살아있게 하는 몸의 대부분의 과정에 도움을 주기 때문에 두피 아래의 모낭을 강화시켜 모발에 영양을 공급한다는 것은 놀라운 일이 아니다. 신체는 아연을 저장할 방법이 없기 때문에 매일 식단에서 섭취를 할 필요가 있다. 아연은 소고기, 굴, 게, 검은콩, 호박씨 등에 많이 들어있다.

쏘팔메토

쏘팔메토는 야자 열매 추출물이다. 일부 연구에 따르면 쏘팔메토는 남성 호르몬인 테스토스테론이 분해되지 않도록 해 탈모를 예방하는 데 도움이 된다. 쏘팔메토가 얼마나 잘 작용하는지는 분명하지 않지만, 다른 약물과 함께 섭취해도 안전한 것으로 알려져 있다.

호박씨유

식용 호박씨유를 매일 섭취하면 모발 회복에 도움이 된다. 2014년 국내에서 연구에 따르면 6개월 동안 매일 호박씨유 캡슐 4개를 복용한 남성의 경우 모발수가 40% 증가한 것으로 나타났다. 호박씨 유는 쏘팔메토와 마찬가지로 테스토스테론이 탈모와 관련된 DHT 라는 화합물로 변하는 것을 막을 수 있다.

아미노산

시스테인고, L-라이신과 같은 일부 아미노산은 머리카락을 건강하게 하고, 성장시키는 데 특별한 역할을 한다. 그러나 보충제를 복용할 필요는 없다. 건강한 식단을 통해 아미노산을 섭취하는 게 좋다. 아미노산이 풍부한 식품으로는 코티지 치즈, 생선, 달걀, 씨앗과 견과류, 통곡물, 고기 등이 있다.

물

하루 필요량이 2.5리터이다. 적게 섭취할 경우 두피가 얇아져 혈액순환이 저하되고 두피 건강이 나빠지게 된다. 탈모가 심해지고 지성 또는 건성 두피로 비듬이 생기게 된다. 따라서 신체에 물을 부족하지 않게 공급하는 것이 모발과 두피를 비롯한 신체 전반에도 도움이 된다.

녹차

녹차에는 비타민 A와 C가 많아 두피를 건강하게 해준다. 녹차가 갖는 폴리페놀 성분은 위와 장의 운동을 활발하게 하며, 탄닌 성분은 위장의 세포를 보호해 주고, 모세혈관을 확장시켜 신체 끝부분 특히 두피의 혈액순환을 도와준다.

또한 모발 성장에 도움이 되는 에피갈로카테킨갈레이드(EGCG) 라는 화합물을 포함한 것으로 알려져 있다.

고추, 고추장, 마늘 그리고 김치

고추와 고추장 그리고 마늘의 매운맛은 지방을 분해하고 혈관을 확장시켜 혈액을 좋게 한다. 또한 고추와 마늘에는 비타민 B가 많이 함유되어 몸에 흡수된 당질을 에너지로 전환시킴으로써 피로를 빨리 회복시켜주고 온몸의 기능을 활발하게 해 준다.

두피의 말초 미세혈관을 열어주어 각종 영양분을 공급하는 식품
각종 잡곡류와 녹색, 황색채소, 현미 등

모발의 성장 촉진에 좋은 식품
조개류, 육류, 생선류, 마늘, 양파, 고추, 계란, 시금치, 과일 종류 등

모발 성장을 촉진하고 두피의 각질을 줄여주는 식품
시금치, 당근, 호박, 토마토, 계란, 우유, 각종 잡곡과 육류 등

모근과 모구를 강하게 하고 두피의 혈액순환을 도와주는 식품

싱싱한 야채류, 산채, 뿌리채소와 과일, 생선류, 조개류, 배추, 무 잎, 풋고추, 참치, 멸치, 꽁치, 고등어 등

모발이 튼튼해지도록 도와주는 식품

검은깨, 검은콩, 현미, 호두 등의 잡곡과 구기자, 다시마, 미역, 김, 녹차 등

두피에 해로운 음식

가열한 기름에 튀긴 음식

활성산소, 탄고기, 돈까스, 튀김(액체지질) 등은 과산화지질을 형성, 체액과 섞여 노화를 촉진한다. 튀김요리와 치킨 같은 기름에 튀긴 음식은 혈중 과산화지질을 증가시킨다.

과도한 지방과 탄수화물의 섭취

동물성 단백질 식품을 많이 섭취하면 동물성 지방이나 탄수화물의 섭취량도 따라서 증가된다. 이는 무엇보다 비만과 성인병과 관계가 밀접하다. 이 두 가지를 과다 섭취하거나 과잉 상태가 되면 두피에 이상을 일으키게 된다. 그 결과 모근의 활동을 저해하게 된다.

폭식과 과식

한 번에 집중된 폭식은 잉여된 열량을 만들어내고 이는 곧 지방으로 변화됨으로써 비듬을 생성시키고 비만도 유발한다. 또한 흡수

되지 않은 지질은 몸 밖으로 배출한다. 이로 인해 내장에 큰 부담과 함께 두피가 거칠어지고 모발 성장에 좋지 않은 영향을 미친다.

오백식품

백미, 백설탕, 흰 밀가루, 흰 소금, 조미료를 오백식품이라 하는데 가급적 우리 식탁에서 멀리 해야 한다. 백미보다는 현미식을, 백설탕보다는 벌꿀을, 정제된 흰 소금 대신에 검은색이 나는 천일염을 프라이팬에 가볍게 볶아서 가루로 만들어 먹는 것이 좋다.

밀가루 음식

밀가루로 만든 음식은 당분화가 쉬워 섭취량을 줄이는 것이 좋다. 이는 곧바로 당분 형태로 흡수되므로 인슐린 분비를 촉진시키는 역할을 한다.

자극적인 너무 맵거나 짠 음식

현대인들의 하루 염분 섭취량은 대체로 15~25g정도가 된다. 이 양은 결코 적은 양이 아니다. 염분 섭취량이 과다하게 되면 혈압이 상승되어 나트륨이 갖는 수분 보존 성질로 인하여, 신장과 심장에도 부담을 주게 된다.

그 결과 성인병이나 혈액순환에 각종 장애를 일으켜 탈모증 발생을 촉진시킨다. 염분 섭취량 과다 시 혈액 속의 염분 농도를 조절하기 위해 수분 섭취량도 따라서 증가하게 된다. 그 결과 신장에 과중한 부담을 주게 되면서 기능의 약화를 초래하게 된다.

커피, 담배

커피에 많이 들어 있는 카페인이 혈압을 올리고 스트레스를 촉진하는 요인으로 작용하며 혈액부족을 유발시키기 쉽다. 흡연은 비타민의 부족현상을 불러일으키며 탈모를 가속시킬 수 있다. 담배의 니코틴은 혈액순환을 방해하고, 폐의 기능을 저하시키므로 두피 건강에 무익하다.

가공식품 및 단 음식

사이다, 콜라 등의 청량음료나 아이스크림 등 빙과류, 과자, 빵, 라면, 햄, 소시지 등 인스턴트 가공식품 및 단 음식은 피부세포를 느슨하게 하는 성질이 있어 약해진 모발이 빠져 나온다.

청량음료

청량음료에 첨가된 감미료는 탈모현상을 유발한다. 또 소화기관이 냉해지면 영양 흡수가 잘되지 않고 혈액순환이 나빠져서 모발이 잘 빠지는데 이런 경우에는 발모 촉진을 위한 식품을 섭취해도 흡수가 잘되지 않아 큰 효과를 기대할 수 없다, 콜라에 많은 인(영양소) 성분이 인체의 칼슘 흡수 능력을 저하시킨다.

고소한 음식

남성호르몬을 미량 함유하고 있는 밀눈, 땅콩, 효모 등을 많이 섭취하면 모발건강에 좋지 않다. 일반적으로 고소한 음식은 남성호르몬과 유사한 작용을 하는 물질을 함유하고 있기 때문에 탈모로 고민하는 분들은 이러한 음식은 피하는 게 좋다.

Chapter 7

본머리 관리 방법

두피는 어떻게 관리할까? 우리 아버지는 예전에 비누 하나로 머리도 감고, 얼굴도 씻으시고, 비누가 없을 때는 빨래 비누도 마다하지 않은 걸로 기억하고 있다. 지금도 꽤 많은 남성들이 샤워할 때 비누 하나로 샴푸, 얼굴, 몸 전체를 씻기도 한다는 걸 많이 들었다.

비누는 샴푸보다 환경에는 낫지만 두피에는 최악이다. 세수 대야에 비누로 세수하고 나서 보면 비누때가 생긴 것을 볼 수 있다. 그 비누때가 두피에 쌓여서 탈모를 일으키기도 한다. 우리 몸의 산성과 염기성이 바뀌게 되면 피부에 문제가 된다.

그러므로 샴푸는 머리, 비누는 얼굴, 몸은 바디워시로 각각의 용도에 맞게 사용하시는 것이 바람직할 것 같다.

올바른 빗질

쿠션빗

이런 쿠션빗 많이 보셨을 것이다. 예전에 통통 두피를 두드려라 하는 말도 많이 들었을 것이다. 처음 이 빗을 봤을 때 '장사 잘 되겠다' 하는 생각이 들었었다. 그러나 두피에 자극을 주면 약해져 있는 탈모 모낭에는 오히려 좋지 않을 수 있다.

그렇다면 올바른 사용법은? 모 반대 방향으로 앞에서 뒤, 뒤에서 앞, 옆에서 옆, 또 같은 방법으로 15회 정도만 하신다면 집에서 할 수 있는 홈케어는 절반은 하신 셈이다. 간단하죠? 단 빗질을 할 때 빗살 끝의 힘 조절을 일정하게 주어 끝까지 같은 힘으로 가는 게 포인트다. 모 반대 방향으로 빗질을 하면 두피를 기분 좋게 이완을 시키는 작용을 한다. 그럼 기분 좋은 두피 자극으로 머리카락 집인 모낭도 기분 좋아라 하겠죠? 이런 행동을 연속으로 한다면 모낭에 힘이 생기는 건 당연하다. 아침에 머리 감을 때 샴푸한 후 이와 같은 방법으로 빗질을 해주면 된다. 그래봤자 효과 있을까? 의심이 든다면 이 말을 들어 보시라.

제 지인이 탈모가 돈이 된다는 소리에 탈모센터를 오픈하고 싶다며 비법을 좀 알려달라고 하면 고객을 눕혀 놓고 10분, 앉아서 10분, 서서 10분 이렇게만 정성들여 빗질을 한다면, 돈값은 할 수 있다고 말해주곤 하는 방법이다.

그러니 우리가 집에서 매일 하기만 한다면
탈모 예방에는 최고의 방법이라고 할 수 있다.

두피 청결

아무리 강조해도 지나치지 않은 두피 청결이다. 여러분의 두피가 어느 상태인지 알고 계시나요? 자신의 두피 상태에 맞는 기능성 샴푸를 사용하는 것도 좋은 예방법이다. 혹시 탈모가 시작되었다고 해도 어느 정도까지는 회복이 가능하다고 하는 기능성 샴푸에 대해 설명해 보자.

일반 샴푸에는 석유성계면활성제가 들어가 있다. 물은 극성이고, 기름은 비극성이다. 이 둘은 섞이지 않는다. 이 둘을 섞이게 하는 두 가지 다른 성질을 가진 물질이 계면활성제라고 하는데 물로 떨어지지 않는 각질이나 유분 등을 떨어지게 해주는 물질이다. 우리 매장을 방문하시는 분의 70%가 지성두피이다.

지성두피란 과도한 피지로 인한 가려움증, 염증, 세균의 침입으로 그때그때 피지를 덜어내지 못하여 모공을 막아 탈모에 치명적이라고 하는데, 제때 피지를 제거하지 못하면 그대로 산화되어 두피 색깔이 황갈색으로 바뀌어 버리고, 그렇게 막힌 모공으로 조기탈모가 되는 것이다.

탈모의 가장 많은 원인으로 지목되는 지성두피. 인간의 하루 피지량은 1.2g정도인데 샴푸 후 1시간 후엔 20%, 3시간 후엔 40%, 4시간 후엔 50%가 분비된다. 그렇다면 탈모센터에 가지 않고도 내가 지성두피인지 알 수 있는 방법이 있을까? 샴푸 후 2시간쯤 지나 엄지손가락으로 두피를 만져 보아 기름이 묻어나오면 지성두피이니, 지성두피에 좋은 음이온 계면활성제가 들어있는 기능성 샴푸를 사용하는 것을 추천드린다.

두피의 성질에 따른 관리

비듬두피

개인적으로 비듬은 탈모가 시작되는 첫 번째 증상으로 보고 있다. 내가 비듬으로 꽤 고생을 했는데 아무리 좋다는 제품을 사용해도 소용이 없었다. 그런데 지인이 "그럼 이것 사용해봐."라고 권한 제품이 시중에서 쉽게 살 수 있는 OOO라는 제품이었다. 이 제품엔 징크피리치온이라는 성분이 들어있는데 비듬에 탁월하여 지금 10여 년 간 사용하고 있으며 아주 만족하고 있다. 모든 병의 치료도 일단 원인을 알아야 실마리가 잡히듯이 나의 경우에는 모낭염을 발생시키는 말라세지아균을 잡는 징크피리치온이라는 성분이 비듬 해결의 실마리였던 것이다.

그러나 임산부나 유아기 아이들은 사용하지 않아야 한다. 왜냐하면 선진국에서는 유해물질로 분류되어 있는 징크피리치온은 위에서 아래로 내려가는 성질이 있어 임산부에게는 안 좋으니 건강한 성인만 적당한 기간 동안에 사용하길 권한다.

건성두피

건성두피에는 pH 4.5~6.5의 약산성 샴푸 사용을 권한다. 건성두 피는 말 그대로 두피가 건조하다는 뜻이니 산성두피의 유지 및 보습을 위해서 약산성 샴푸를 사용하면 좋다. 그리고 무엇보다 건성두피는 머리카락이 얇을 확률이 크기 때문에 샴푸 시 컨디셔너가 가미된 제품을 사용하여 머리카락이 엉킬 수 있는 모든 경우의 수를 제거하는 게 좋을 듯하다.

그리고 마지막 머리카락을 헹굴 때 얇은 머리카락 때문에 오일을 과량으로 사용하는 분들이 계시는데 오히려 샴푸 후 보기에 좋지 않고, 두피에도 머리카락에도 좋지 않으므로 소량으로 사용하여 두피와 머리카락을 보호하심이 좋을 것 같다.

본머리 머릿결 관리는?

때깔은 '눈에 선뜻 드러나 비치는 맵시나 빛깔'을 뜻하는 말이다. 피부는 대표적으로 때깔나게(?) 하는 요인이지만 머리카락 역시 '먹고 죽은 귀신의 때깔'을 좋게 해주는 요인에서 빠지지 않는 부분이다.

머리카락을 보면서 건강상태를 알아내기도 하는 머릿결. 여자들은 사람을 볼 때 눈이 이쁜지, 코가 이쁜지, 머리결이 좋은지, 피부는 어떤지 디테일하게 관찰하는 반면 남자들은 전체적인 스타일, 조화로움으로 귀여운지 분위기가 있는지를 본다고 한다. 이런 차이에도 불구하고 남자와 여자가 똑같이 고려하는 것이 있는데 머리스타일이라는 것이다.

남자들이 보는 조화스러움의 상당 부분이 머리스타일에서 느껴지게 되고, 여자들도 머릿결과 머리스타일을 보는 것이다. 그러니 머리카락이 길고, 짧은지, 짧은데 어울리는지, 길지만 안 어울리는지는 직접 해 보아야 알 수 있듯 각자에게 어울리는 스타일을 찾아내는 게 중요할 것 같다. 현재 몇 년째 같은 스타일을 유지하고 있는데 어느 지인은 나의 매력으로 1번을 머리스타일로 꼽았다고 한다. 찰 랑거리는 머릿결과 우아함이 있는 헤어스타일이라는 평을 들었지 만 선천적으로 머릿결이 좋은 게 아니다. 여러 번의 펌을 한 후에 결 절성 열모증으로 끝이 갈라지는 머리카락으로 바뀌어 애를 먹던 시 간도 있었다. 그런 고난의 시간들 때문에 여기저기 주워 들은 이야 기를 통해 다양한 방법으로 머리를 관리하게 되어 오늘에 이르게 된 것이다.

다양한 방법 중 첫 번째로 바나나가 있다. 바나나를 으깨서 머리 에 바른 후 팩처럼 감싸고 1시간 정도 두면 머릿결이 한층 부드러워 진다. 2번째로 식초. 마지막 헹굼 시 사용하면 머릿결에 탄력이 생 긴다고 하고 3번째는 달걀. 달걀을 치댄 후 머리카락에 발라서 관리 한다고 한다. 처음엔 각종 먹을 것으로 머리에 바른다는 것은 좀 과 한 거 아닌가 생각하기도 했다. 그러나 얼마나 간절하면 그럴까 싶 었고 정성이라는 단어가 떠올랐다. 옳든 그르듯 각자의 노력으로 건 강한 머리카락을 유지하는 것이라고 생각하니 그들의 정성에 감탄 을 하게 되었고 전문적이지는 않지만 경험에서 우러나는 지혜라는 생각이 들기도 했다.

여기서 잠깐! 그래도 전문가의 팁은 중요한 것이니 한 가지 전문 적인 방법을 알려드리자면 자외선 차단제를 바른다는 것이다. 그렇 게까지? 사실 자외선은 노화의 제1 원인에 해당한다. 피부에 선크림을 바르듯, 모발 또한 같은 원리로 노화한다. 평소 일 외에는 귀차니즘 중증 환자라서 식료품을 바르는 정성이 들어가는 관리는 체질상 못하는 사람이지만 자외선 차단제 뿌리는 정도야 꾸준하게 할 수 있어서 계속하고 있는 방법이다. 최소한의 노력으로 최대한의 효과를 바라면서.

그리고 머리를 감을 때 샴푸, 트리트먼트, 린스를 사용하는 것도 좋은 방법이다. 샴푸는 말 그대로 청결을 유지할 수 있게 각질이나 유분, 땀을 씻어내는 것이고, 트리트먼트는 머리카락에 영양분을, 그리고 린스는 결을 부드럽게 만들어주므로 앞으로는 조금 귀찮더라도, 샴푸, 린스, 트리트먼트 순서로 최소한의 엉킴을 방지하고 부드러움을 유지하는 것은 어떠실지? 실은 직접 해오고 있는 방법이다.

모발의 종류 및 형태

모발의 종류

모발은 역동적이고 지속적으로 변화한다. 어떤 나이에도 결코 균일한 모선을 나타내지 않는다. 모발은 크게 굵기와 형태에 따라 분류된다. 굵기에 따라 취모, 연모, 경모, 세모로 분류한다.

모태 3~4개월 경 전신에 발달하는 취모는 모발, 눈썹, 속눈썹 등을 제외하고 모든 모낭에서 연모로 대체된다. 굵기 약 0.02mm로 배냇머리라고도 하며 취모는 가늘고 수질이 없으며 멜라닌이 없거나 적기 때문에 무색을 띈다.

두피내 모발, 눈썹, 속눈썹의 취모는 탄생 4개월 후 거친 경모로 대체된다. 이후 10년 동안 체모가 갖는 패턴에서 전체적으로 변화는 없으나 모발직경은 증가된다.

연모는 취모와 매우 비슷하다. 0.08mm이하 굵기로서 모수질은 존재하지 않는 연갈색의 색상을 띄며 사춘기 이전의 모발이지만 탈모진행형 모발에서도 나타난 체모는 1~2mm길이를 넘기지 않으며 안면 얼굴 털에서 주로 볼 수 있다.

0.09~0.2mm 정도로 단단한 단백질이 결합된 상태의 경모는 30대 이후 점차적인 연모화가 이루어진다. 팔과 다리 등의 체모는 3~4cm정도 성장하나 단모와 연모는 뚜렷이 구분되지 않는다.

세모는 모낭의 축소화에 의해 정모에서 연모화된 가변성을 가진 모발을 말한다.

형태에 따라서는 직모, 약간의 파상모, 파상모, 축모로 구분된다. 직모는 모낭구조가 피부단면에 수직형을 갖고 있으며 모선 내 모표피수가 거의 일정하여 모발 단면에서 원형을 띈다. 약간의 파상모는 직모와 파상모의 중간형태 모발이다. 파상모는 약간의 파상모와 축모의 중간 형태로 타원형 모발단면을 띄며 유전적인 영향이 크다. 축모는 흔히 곱슬모로서 흑인종에게서 많이 보인다. 모발 단면에서 타원형을 나타내며 파상모보다 급격한 웨이브를 형성한다.

모발 특성

모발은 밀도, 고착력, 강도, 굵기, 탄성도, 질감, 다공성에 따른 특성을 가지는데 먼저 모단위수가 갖는 밀도란 두피 내 일정 넓이에 차지하고 있는 모단위수가 갖는 모발 간 성김 정도를 일컫는다. 같은 면적 내에서 모발의 수가 많으면 고밀도라 하며 밀도가 중간일 때 중밀도, 낮을 때 저밀도라 한다. 모발의 고착력이란 1가닥의 모발을 뽑아내는데 필요한 힘을 말하며 성장기 모발의 경우 50g정도의 힘이 요구되나 휴지기 모발은 20g정도의 힘이 필요하다.

모발의 강도란 모발 한 가닥을 당겼을 경우 끊어지는 정도, 즉 인장강도를 말한다. 모발의 직경, 손상정도, 영양상태, 수분함량 정도 등에 따라 차이를 보인다. 정상모인 경우 약 150g이상, 손상모인 경우 약 100g이하의 힘이 필요하다.

모발의 탄성도란 모발의 일정 힘을 가했을 때 늘어났다가 다시 제자리로 돌아가는 것을 말하며 모발 내 수분 함유량이나 모발 손상도에 따라 차이를 보인다.

모발의 굵기 변화는 남성이 24세 이후, 여성이 30세 이후에 일어난다. 연령, 환경, 건강 상태, 탈모 진행 정도, 인종, 성별 등에 따라 차이를 보이며 연모와 중간모, 경모 등으로 나뉜다.

모발의 질감이란 모 가닥의 크기나 직경을 나타내며 모발 표면의 감촉을 나타낸다. 모발 손상도나 모발 굵기에 따라 달라진다. 건강모가 손상모 보다, 경모가 연모 보다 질감이 좋다.

모발의 다공성이란 모발 내부에 존재하는 공기층이 수분을 흡수하는 성질이다. 모발 손상도, 모발의 영양상태, 물에 대한 친수성 등에 따라 차이를 보인다. 흡수성모로서 건조모, 다공성모일수록 발수성모인 저항성모보다 다공성이 크다. 그러므로 다공성은 모발의 수분 및 용액 능력 측정의 지표로서 사용되기도 한다.

정상 두피는 정상 피부처럼 보습상태가 윤기가 흐르며 청백색 및 투명에 가깝다. 이는 피지상태가 정상이어서 탄력과 함께 모세혈관 확장으로 혈색이 좋기 때문이다. 따라서 모공상태도 선명하다. 모공과 모발 굵기는 한 개의 모공에 1,2개가 적당하고 수분함량이 10~15%이다.

모발 진단

가늘고 힘이 없는 모발(fine hair)

내적 원인은 선천적으로 모발이 약하고 힘이 없어서이고 외적 원인은 가늘어 손상되기 수운 모발로서 정전기가 잘 일어나며 서로 엉키기 쉽다. 처치 방법으로는 수분유지, 단백질과 유분 공급, 트리트먼트 시술을 해 주는 것이다. 단, 화학적 시술은 삼간다. 그리고 드라이 스타일링 시 헤어로션을 모발에 도포하고 온풍을 이용해 빠르고 정확하게 시술한다. 가늘고 힘없는 모발은 모다발을 나눠 모근을 향해 역으로 바람을 주어 볼륨감을 주면서 말린다.

굵고 뻣뻣한 모발(coarse hair)

모표피 간 간격이 좁으면서 모표피층이 두꺼워 쉽게 손상되지 않는다. 모발 내 수분 30% 정도까지 타월 건조시키며 자유수가 10% 남았을 때 드라이 스타일링을 한다.

심한 곱슬 모발

원래 모발이 부스스(flap)하게 일어나거나 모발 끝이 잘 뻗친다. 1주일에 2~3회 헤어팩을 사용하여 모발을 관리한다.

끈적이는 기름진 모발

하루 2회 정도 샴푸하더라도 저자극성으로 약산성에서 중성 샴푸제나 수분을 보충해 줄 수 있는 보습 샴푸제를 선택한다.

갈라지고 끊어지는 모발

과도한 화학시술이 원인으로 가장 급선무는 더 이상의 손상이 가속화되지 않게 영양 공급에 중점을 두고 스타일링제는 모발에 흡수율이 좋은 에센스를 사용한다. 모발섬유에 자극적이지 않은 둥근 브러시나 빗살이 넓은 브러시롤로 모발을 빗질한다. 손상이 심한 모발은 잘라주는 것이 가장 현명한 방법이다.

결론적으로는 탈모가 되지 않게 관리를 하는 게 핵심! 지금까지 만나온 많은 고객님들을 보면서 느낀 건 자신의 머리카락을 지키기 위해 본인이 할 수 있는 것을 다하고 나서 최후의 해결책으로 모발 이식이나 가발을 선택하시는 고객들이 그렇지 않은 고객들보다 훨씬 편안해 보인다는 것이다. 비를 안 맞으려고 애를 쓸 때보다 일단 비를 맞고 나면 마음을 다 내려놓게 되는 것과 같은 심리라고 할까? 비를 맞아 보니 이제 더 이상 겁내하지 않아도 되고 한편으로는 시원한 생각마저 드는 그런 마음 말이다.

두피의 핵심은 미리 예방

언젠가 '순리'라는 말에 대해 생각해 본 적이 있다. 좀 엉뚱한 말 같기도 하지만 어느 면에서 통하는 위와 같은 상황에 통하는 부분이 있는 것 같아서 한번 나누고 싶다. 순리란 순한 이치나 도리를 말하고, 또는 도리나 이치에 순종함이라고 사전에 나와 있다.

박경리의 《토지》를 읽으며 처음으로 이치나 도리에 대해 생각하게 되었다. 《토지》를 처음 읽은 때는 20대 초반이었고, 그때는 책이 주는 재미만 쫓아서인지, 나이가 어려서인지 '재밌다'는 게 감상의 전부였다. 어떤 연유로 다시 읽게 되었는지는 기억나지 않지만 30대 후반에 《토지》를 다시 펼쳤을 땐 등장인물이 수많은 선택지 앞에서 어떤 도리나 마음의 이치가 그러한 선택으로 이끌었을까를 생각하게 되었다.

책도 청춘이 있다고 하셨던 이어령 선생님 말씀이 생각난다. 예전에 읽었던 책이지만 나이가 들어 성숙해진 만큼 똑같은 책속의 단어와 문장들이 다른 의미로, 다른 이야기를 전하는 듯이 느껴지기도 하는 것 같다. 같은 책이지만 독자에 의해 청춘처럼 뜨겁게 읽히는 때가 있다는 때가 있다는 의미가 아닐는지… 순리라는 말은 언뜻 듣기에는 쉬운 것 같은데 실천하기는 그리 만만치 않다는 것이다. 내가 소화시킬 수 있을 정도로 이해 하기위해 그 의미를 깊이 들여다보니 바로 '순리란 기다리는 것, 무리하지 않는 것'이라는 생각이 들었다.

여기에 얼핏 어울릴 것 같지 않은 말인 '용기'라는 단어를 함께 생각하고 싶다. 처음부터 그냥 무턱대로 기다리는 것이 아니라 용기를 가지고 최선의 것을 찾아야 한다는 것이다. 그런 다음 무리하지 않으면서 기다리는 것, 그래야 일이 잘 되든 그렇지 않든 편안하게 받아들이게 된다. 그것이 순리에 따라 사는 일 아닐까.

언젠가 정목스님의 힐링 특강을 다녀온 적이 있는데 스님께서는 누구나 이 세상에 자신만의 재료를 가지고 태어났다고 하셨다. 나는 어렸을 때 교회를 다녀서 인간은 '달란트'라는 완성된 재능과 복을 가지고 나왔다는 생각을 가지고 있었는데, 스님이 말한 '재료'는 완성된 달란트가 아니라 무언가를 만들기 위한 재료에 지나지 않는다는 말씀이었다.

이 말을 특별하게 느끼게 된 건 재료가 좋다고 완성품이 좋은 것도 아니고, 재료가 안 좋다고 완성품이 안 좋은 것도 아니니, 누구든 최선보다 더 한 발짝씩만 노력하면 본인의 인생을 본인이 상상하는 대로 만들 수 있다는 말로 들렸기 때문이었다.

이 말을 비단 나의 업에만 적용하자는 것이 아니라, 내가 살아가는 삶의 방식으로 삼고 있다. 이렇게 살면 덜 후회하게 되는 것 같고, 내가 납득하고 행한 결과이니 어떠한 결과에도 자긍심은 남게 되는 것 같다.

결론을 말하면 두피관리는 본머리가 있을 때 예방함이
정답이며, 가발, 모발 이식을 해도 무조건 관리를 해야 하니
내 머리카락 있을 때 잘 관리하자는 격려와 당부를 전한다.

생활 속의 탈모 지연방법

솔루션 1. 브러쉬의 올바른 사용법

통통빗, 쿠션빗을 쓰도록 한다. 탈모는 모근이 약해져 있는 상태에서 발생하므로 두피를 통통 두드리는 등의 더 큰 자극을 주어서는 안 된다. 샴푸를 하고 모 반대방향으로 앞쪽에서 뒤쪽, 뒤쪽에서 앞쪽, 오른쪽에서 왼쪽, 왼쪽에서 오른쪽으로 각각 15회씩 하루에 1회 일정한 힘을 유지하고 빗질하시면 된다.

간단하나 효과는 매우 크니, 하루의 시작을 빗질로 하는 습관을 들여볼 수 있을 것이다. 남성분들은 머리가 짧아 더 쉽다.

솔루션 2. 올바른 샴푸법

자신의 두피가 어떤 종류의 두피인지를 알고 그에 알맞은 샴푸를 사용하는 것이 중요하다. 탈모에 더불어 지성, 건성, 중성뿐 아니라 두피에 염증이 있는지, 타고난 머리숱이 많은지 등을 종합해서 관리하는 것이 좋다.

지성두피용, 건성두피용, 일반 샴푸에 더해 염증용 샴푸를 쓰거나 두피 관리를 받으면서 항생제를 복용해야 하는 경우도 있는 것이다.

하루의 시작을 빗질로 하는 습관과
자신의 두피가 어떤 종류의 두피인지를 알고
그에 알맞은 샴푸를 사용하는 것이 중요하다.

모발(털)에 관한 속설

가을은 독서의 계절이고 하늘은 높고 말이 살찌는 계절이며 떨어지는 낙엽 따라 머리카락이 많이 빠지는 계절이기도 하다. 대한모발학회에 따르면 가을에는 봄보다 약 2배 더 탈모가 일어난다고 한다.

최근 보도에 따르면, 우리나라에서는 다섯 명 중 한 명 꼴로 탈모를 고민한다고 보고되었다. 탈모에 관해서는 유독 여러 가지 속설이 있다. 무엇이 진짜인지 살펴보자.

Q : 스트레스 받으면 흰머리가 생긴다?

진실 : 프랑스 혁명 당시 처형을 며칠 앞두고 극심한 스트레스를 받아 머리가카락이 전부 백발로 변해버렸다는 마리 앙투아네트의 일화가 있다.

머리카락의 구성 성분은 단백질, 멜라닌, 지질, 수분, 미량원소이며 미량원소는 탄소, 수소, 질소, 산소, 유황으로 구성되어 있다.

머리카락의 멜라닌 세포가 기능을 못하거나 소실되어 생기는 게 흰머리인데, 스트레스가 머리카락의 멜라닌세포를 소실시켜 흰머리가 될 수도 있다.

노화로 흰머리가 나는 평균나이를 조사했는데 남자 28세 (실험 결과도 있음), 여자 38세 초반으로 나타났다. 30세 이전에 나는 흰머리는 질환이나 유전, 환경적인 요인에 의해 발생될 수 있다.

Q : 흰머리를 뽑으면 뽑을수록 더 난다?

거짓 : 이 속설은 엉터리이다. 머리카락은 모낭주머니에서 자라 나오고 모낭은 태어나면서 그 수가 결정되어 있다. 머리카락은 뽑혀도 모근은 남아있는 경우가 많다. 이렇듯 흰머리를 뽑는다고 해서 모근 하나에 정해진 머리카락이 나오기 때문에 머리카락 하나 뽑는다고 그 자리에서 두세 개가 나지는 않는다.

그런데 사람들은 왜 흰머리를 뽑으면 더 많이 난다고 느끼는 걸까? 흰머리가 검은 머리카락보다 더 빠르게 성장하고 좀 더 굵게 난다는 것은 잘 알려진 사실이다. 머리카락이 가늘어지거나 빠져서 숱이 적어질 수는 있다. 하지만 본래 모낭 안의 머리카락은 정해져 있기 때문에 뽑는다고 더 많이 난다는 것은 거짓이다.

Q : 검은콩을 먹으면 검은 머리카락이 난다?

일부 진실 : 어떤 특정한 음식을 먹는다고 해서 흰머리가 다시 검

은 머리카락이 되지는 않는다. 항산화 효과가 있는 음식을 먹으면 흰머리 예방에 도움이 되기는 한다.

그리고 더 현실적인 관리는 두피 지압점에 백회(정수리 중앙 부분)을 누르면 백모가 예방됨은 물론, 머릿결 역시 좋아진다고 한다. 항산화 성분이 풍부한 음식에는 검은콩, 녹색채소, 견과류 등이 있다.

Q : 머리카락은 밤에 잘 자란다?

진실 : 성장호르몬에는 세로토닌(오전 10~2시 사이에 분비)과 멜라토닌(오후 10~2시 사이에 분비)이 있다.

청년기에는 머리카락이 빨리 자라다가 20대 이후부터는 점점 느려진다. 나이가 들수록 머리카락의 성장 속도가 둔화되는 것이다.

계절상으로는 봄에서 초여름에 머리카락 성장 속도가 가장 빠르고 가을에는 퇴행기로 넘어가는 모발이 많아진다.

머리카락이 빨리 자라기를 원한다면 성장호르몬 분비를 위해 일찍 자고 위 식품을 함께 섭취해주면 한층 효과적이지 않을까?

Q : 야한 생각을 하면 머리카락이 빨리 자란다?

일부 진실 : 통상적으로 머리카락은 하루에 0.2mm~0.3mm씩 자란다. 이 수치 역시 성별, 나이, 계절 등에 차이가 있지만, 야한 생

각을 한다고 해서 머리카락이 증가하는 것이 아니며 임상실험이 존재하지도 않는다.

단 피임약을 복용하면 임신기간과 같이 성장기가 길어지고 머리카락이 빠지는 양이 적어지기 때문에 많아 보일 수는 있다.

하여 성호르몬의 역할 중 하나가 혈액순환이라고 한다면 모세혈관에서 모유두로, 모유두에서 모모세포로 혈액순환이 활성화되기 때문에 반반이라고 할 수 있다.

Q : 모자를 즐겨 쓰면 탈모를 촉진한다?

거짓 : 모자를 쓰는 습관이 탈모를 부른다는 소문은 잘못된 것이다. 너무 타이트한 모자를 써서 머리를 쪼이지 않는다면, 오히려 모자는 자외선으로부터 머리카락을 보호해주는 역할을 한다. 하지만 모자는 좀 여유 있게 쓰고 여름철에는 통풍성이 좋은 모자를 선택하는 것이 현명하다.

Q : 흰머리가 많이 나는 부위와 이유가 있다?

진실 : 정수리에 흰머리가 많이 나는 사람은 자외선을 많이 받아서이다. 귀 근처에 흰머리가 많이 나면 컴퓨터를 장시간 사용하거나 일을 많이 하는 사람이라고 한다. 앞머리 쪽에 흰머리가 많이 나는 사람은 위가 좋지 않다. 그러나 뭐니뭐니해도 흰머리가 가장 많이 나는 가장 큰 원인은 나이듦일 것이다.

Q : 머리카락을 자르면 빨리 자란다?

거짓 : 머리숱이 적은 아이들을 보면 싹 밀어주면 만사 오케이! 라고 호언장담하시던 옛어른들이 떠오른다. 하지만 오류이다. 머리털이든 어느 털이든 깎거나 자른다고 해서 더 빨리 자라지는 않는다. 머리카락은 두피에서 나오는 것이기 때문에, 끝을 잘라내는 것은 머리카락 성장에 아무런 영향을 미치지 않는다.

다만 컷트는 풍성한 효과는 있다. 염색이나 파마 등 손상되고 오래된 부분을 잘라냄으로써 힘없고 가는 모발이 없어지고 아래쪽의 굵은 모발이 드러나기 때문이다.

Q : 빗질을 열심히 하면 머리카락이 건강해진다?

일부 진실 : 그럼 빗질을 안 하면 머리카락이 덜 빠진다? 빗으로 맛사지하면 혈액순환이 잘되어 두피가 건강해진다는 것, 혈액순환이 원활해지면 탈모예방에 도움이 되기는 하지만 과하면 역효과가 날 수도 있다. 그 충격으로부터 모낭을 보호하기 위해 두피가 점점 두꺼워지고 딱딱해져서 머리털이 잘 나지 않는 것이다. 게다가 두드림으로 생긴 상처가 염증을 일으킬 수도 있다. 빗질을 할 때 두피를 긁는 이도 있는데 정수리탈모나 원형탈모에 빗으로 두피를 긁는 행위는 불구덩이에 뛰어드는 행위이다.

지긋이 일정한 힘으로 가벼운 피팅 마사지가 좋다. 빗질은 두피의 유분성분 생성을 자극해 윤기를 더해주기도 하지만 과도한 유분은 모공을 막아 탈모를 촉진할 수 있기에 적당한 빗질, 균등한 힘을 들여 빗질하는 것이 좋다. (일부 진실)

Q : 머리를 매일 감으면, 머리카락이 덜 빠진다?

거짓 : 머리를 감을 때 뭉텅이로 빠지는 것이 문제일 뿐, 100개 안쪽의 머리카락 빠짐 현상은 이미 제 수명을 다하고 빠질 때가 됐기 때문에 빠지는 것이니 안심하여도 된다. 단, 머리카락이 얇은 분들은 엉킬 수 있으니 컨디셔너가 들어간 샴푸나 적당한 오일로 엉키지 않게 하는 게 좋을 것 같다.

즉 탈모는 머리를 감는 횟수의 많고 적음에 따라 빠지지는 않고, 오히려 제때 샴푸하지 않으면 두피가 지저분해져서, 비듬이나 지루성 피부염, 모낭염을 일으킬 수 있다.

Q : 출산 후 탈모가 대머리로 쭉 이어진다?

거짓 : 산후탈모증은 성장기 퇴행기를 거쳐 유지가 되는데 이때는 일시적인 휴지기 탈모증상시기이다. 에스트로겐은 성장기모의 수명을 늘리는 작용을 하는데 출산이 가까워질수록 여성호르몬이 증가됨에 따라 성장기가 길어지기 때문에 빠지는 털은 감소된다.

출산 후에는 호르몬이 정상수치로 회복되면서 그간 빠지지 않던 머리카락이 한 번에 빠지는 현상이 나타나는 것일 뿐, 대개는 출산 후 2~6개월 사이 빠지다가 출산후 1년 정도가 되면 원래의 상태로 되돌아간다.

이때 스트레스와 영양불균형 상태가 지속되면 만성 휴지기 탈모증으로 발전되므로 주의해야 한다. 폐경전 여성에게 탈모가 난다면, 난소의 이상증상일 가능성이 높다.

다낭성 난소증후군은 난소에 주머니가 많다는 뜻으로 성숙되지 못한 난포들이 모여 있어서 다낭성이라고 불리는데, 난임, 생리 불균형 탈모가 있을 경우 난소질환을 체크해 볼 필요가 있다. 이 다낭성증후군은 호르몬의 균형을 무너뜨려 남성호르몬이 과다하게 분비되고, 머리카락이 빠지는 현상은 물론 심한 경우 배와 가슴에도 털이 날 수도 있으며, 난임 유발가능성이 높다.

Chapter 8

가발과 함께 성장한
나의 이야기

중년 남자의 최고 고민

오랜만에 만난 40, 50대 중년 남성들의 이야기이다.

"어~ 니도 날라갔네."

"그리 됐다."

"머리 다 오데 갔노?"

"머라카노? 나이 먹으면 빠지는 거 아이가?"

사람들은 머리가 일찍 빠지든 늦게 빠지든 머리카락 빠진 걸 장난 삼아 이렇게 이야기를 나누기도 한다. 당사자도, 말하는 사람도 아무렇지 않게 당연하듯 얘기를 하지만 집에 가서 잠시 다시 생각하기도 한다. "빠짓나? 아이고 모르것다~" 하지만 제가 말씀드리고 싶은 바는 이런 희화화된 상황의 끝이 아니라 머리카락이 없어서 얼마나 많은 기회들을 놓치는가 말이다. 나를 보여줄 기회는커녕 매력이란 단어가 나에게 붙을 새도 없이 날아가 버린다는 것이다.

여러분은 처음 보는 사람을 볼 때 외면을 보게 되는가, 내면을 보게 되는가? 아니 내면을 볼 수 있기는 한가? 귀신이라면 모를까 사람이라면 눈에 들어오는 대로 보지 내면을 꿰뚫어 볼 수는 없다. 심리학자들은 3초 만에 첫인상이 결정된다고 한다. 후광효과, 초두효과 이런 말들도 있지만, 쉽게 말해 느낌으로 형성되는 이미지를 그저 받아들이는 것일 뿐이다.

느낌! 인간이 가진 촉이라고 설명할 수밖에 없는 증명할 길 없는 느낌이란 단어! 그 느낌으로 상대방을 보고 호감형이라고 하기도 하고, 비호감이라고도 한다. 여기서 비호감으로 찍히면 내면의 완성이 아무리 높다한들 상황종료가 된다.

그래서 내면을 알고 싶게 하는 호감형이 먼저 되어야하지 않겠냐는 것이다. 호감형이 되는 외모 중 머리카락은 개인의 외모의 70%를 차지하는 막강한 부분이라는 것이다. 이 넘치고 넘치는 기회들을 잡기 위해 관리가 필요하다면, 10년 후에도 여전히 매력적인 사람으로 남을 수 있다면, 지금 귀찮다고 머리카락 관리를 소홀히 해서야 될 말인가?

탈모의 최전방인 가발업체를 운영하면서 너무나 많은 분들의 고충을 보고 있다. 탈모에 대해 깊이 모르시는 분들은 모발 이식과 가발을 하면 모발관리를 안 하고 편하게 살 수 있다고 생각하기 쉽다. 그러나 분명히 더 높은 허들이 기다리고 있다. 지금 본머리를 관리하면 5분의 1정도만 들어갈 돈과 시간과 스트레스를 귀찮다고 미루다가는 5배를 들여야 한다는 것이다.

아무리 옷을 잘 차려 입고 얼굴이 잘 생겼다 한들 매력적이지 않아도 문제이지만 내면이 더 중요하다고만 생각하고 외면을 가꾸지 않는다면 그 또한 매력적이지 않다. 그러니 그 내면을 보이기 위해 적어도 비호감의 인상을 줄 정도의 외면을 가꾸라는 것이다.

탈모는 계속 진행형이라 끝나도 끝나지 않는다. 모발 이식으로 뒷머리를 앞머리로 데려온다 하더라도 기존 본머리는 탈모가 진행하고 있기 때문에 약을 복용해야 하고 나름 규칙적인 생활을 해야 한다. 여기서 실패하면 가발매장을 찾게 되는 것이다. 이런 고객이 10%가 넘는다.

탈모는 '예방이 최선이다'를 명심하고 경각심을 가지고
지금부터라도 관리에 최선을 다하시라고 말씀드리고 싶다.

가발 인생을 시작한 이유

오래전 일이다. 30대 H사를 다닐 때 일이다. 나의 가발 인생이 처음 시작된 곳! 그날도 여전히 바빴다. 앞서 고객님의 서비스가 조금 늦어지는 바람에 제대로 정비하지 못하고 들어간 다음 고객님. 50대 정도의 머리카락이 없는 수심 가득한 중년 여인이 앉아 있었다.

일단 고객님을 안심시켜드리기 위해 집이 어디시냐? 오실 때 불편하진 않으셨느냐? 너스레를 떨며 긴머리로 온 가발을 씌워 드리려 하자 "잠깐만요" 하시면서 눈물을 흘리시는 게 아닌가. 당혹스러웠지만 우선 고객님께 휴지를 드리고 물을 한잔 가져다 드렸다. 고맙다 하시며 자신의 인생 이야기를 풀어 놓으셨다.

남편과는 아이가 4살 때 사별하고 어렵게 어렵게 살다가 이제 겨우 아들 장가 보내고 좀 살 만하다고 생각하는데 몸이 아프게 되었다며 속상하다고 연신 눈물을 흘리셨다. 어떻게 위로를 해 드려야 할지 몰라하다가 겨우 "요즘은 항암치료가 너무 좋아져 예전엔 머리가 나오기까지 2년이 걸렸는데 요즘은 1년만 지나도 머리가 난

대요." 말씀 드리고 나도 고객님의 세월에 공감이 되어 울고 말았다. 시간이 촉박한데도 계속 흐르는 눈물을 주체 못하고 나중엔 꺼이꺼이 얼마나 울었는지 모른다. 고객님이 먼저 정신을 차리고 아가씨 이제 착용해야 하지 않나요? 하고 말씀하시는 바람에 겨우 정신을 차렸지만 가발을 어떻게 손질했는지는 모르겠다.

지금도 순수하다고는 하지만, 그때에 비할까? 13년의 세월이 흐르고 그때의 열정과 순수함이 가득했던 내가 그립다. 이해타산 따지지 않고 사람의 마음을 안아주던 그때의 따뜻한 모습이 예뻐 보여 흐뭇하게 미소 지으며 떠올려본다.

장애물과 성장

아픔이 많던 시절 H사에 입사하게 되었다. 이제 다 끝났나 하면 여전히 계속되는 인생의 고달픔을 허들 뛰듯이 작고 높은 장애물을 쉼 없이 넘었다. 일을 마치고 버스를 타면 버스 난간에 기대 하루를 버텨낸 나에게 연민이 느껴지던 그 시절. 잊혀졌다고 생각했던 그 준열했던 날들이 다시 아픔이 되어 생생히 떠올라 명치끝에 뭔가가 걸린 듯한 느낌이다. 아직도 소화가 덜 된 이 마음 상태로는 무리일 것 같아 이쯤해서 접어야겠다.

다음에 기회가 된다면 용기를 내 다시 도전해 보겠다.

가발과 함께한 그 시간들은 아이러니하게도
사람에 대한 존중과 배려를 갖춘 괜찮은 사람으로
나를 만들어 주었고, 지금은 그 시간들이 있었음에 감사하다.

가발의 성장과 방향

가발 특허를 앞두고

가발 특허를 신청하고 기다리고 있다. 탈모고객님들과 함께 13년을 지내면서 기존 가발의 단점을 보완하면 좋을 것 같은 부분에 대해 많이 연구하던 끝에 이제 나름 조금 실마리를 찾았기 때문이다. 고객님들, 특히 사회생활을 하는 젊은층 고객님들에겐 어떤 상황에서도 내 머리같이 자연스럽길 바라는 소망이 있었다.

바람이 불 때도 과격한 운동을 할 때도 안심할 수 있는 가발이면 좋겠다는 일념으로 시작된 나만의 긴 연구. 특허 결과가 어찌 나오든 그동안의 시간을 후회하지는 않을 것 같다. 누가 그랬던가! 운명을 개척하는 방법은 어쩔 수 없는 일은 받아들이고, 내가 할 수 있는 걸 찾는 거라고.

아무리 '그때 관리를 할 걸' 후회한다 해도 지나간 시간은 돌이킬 수 없으니 지금의 탈모를 받아들이고, 지금 내가 할 수 있는 최선으로 제 2의 슬기로운 가발생활을 어떻게 할 것인가에 중점을 두고 주어진 하루라는 선물에 보답하다 보면 어느새 이전보다 더 자유스럽고 자신감 있고 매력 넘치는 사람이 되어 있지 않을까?

한국신지식인 자격취득

한국신지식인 자격을 취득했다고 제주특별자치도신지식인연합회에서 연락이 왔다. 2022년 10월 21일 시상식이 제주도에서 열려 제주도 땅을 밟아볼 예정이다.

내가 원하는 훗날의 나의 모습은, 내가 옆에 있음으로써 누구이든 내 옆에 계신 분이 빛날 수 있는 내가 되었으면 한다. 그러기 위해서는 겸손함, 온유함, 인격, 품격 등을 갖춰야 하는데 너무 까마득한 목표라 시작부터 쫄게 된다.

그렇지만 '목표가 높으면 그 목표를 잘게 나누어서 한 단계 한 단계 나누어서 실행하면 어느덧 목표지점에 와 있을 것' 이라던 스노우푸드 김승호 회장의 말씀을 떠올려본다.

하여 나의 1단계 목표는 온유함을 가지는 거다. 선천적으로 약간 급한 기질을 타고 나서 쉽지 않은 미션이지만, 번번이 성질에 지겠지만, 늦지 않게 온유함을 내 것으로 만들어 그 다음 성장을 향해 나아가고 싶다. 부족함투성이인 나를 예쁘게 봐 주시는 나의 신에게 깊은 감사를 드리고 싶다.

또 다른 꿈, 탈모강사

탈모의 원인은 1. 영양의 불균형 2. 계절에 의해 3. 비타민 A 과 잉에 의해 4. 스트레스로 인해 5. 호르몬 불균형으로 인해 6. 내분비 계 질환에 의해 7. 환경에 의해서이다.

당신이 듣고 싶은 이야기가 이런 내용인가? 이런 이야기라면 지 금이라도 핸드폰을 검색하면 셀 수도 없을 만큼 고급정보가 쏟아져 나온다. 그런데도 정말로 그런 정보를 듣고 싶은가? 그럼 내가 이야 기하고자 하는 곳과 방향성이 맞지 않다. 다른 전문인의 이야기를 듣는 게 더 나을 것이다.

그럼 난? 무엇을 하려고 하는가? 나는 13년 경험으로 알게 된 현 장의 이야기, 그들의 고민, 그들의 속상함, 그리고 그들의 하루를 이 야기함으로써 머리가 시원(?)해지기 전에 경각심을 가져 탈모 예방 관리를 할 수 있게 만드는 살아있는 현장 이야기를 하고 싶다. 탈모 의 세계에는 호르몬 이야기가 빠질 수 없고, 부처님도 돌아서서 웃 는다는 19금 이야기들이 있다.

궁금하지 않은가? 이제껏 지내오면서 나를 일으켜 세운 곳, 내 열정이 묻어 있는 곳, 나의 정체성이 담겨 있는 곳, 가발이 있는 그 곳, '모담'이다. 누가 말했던가? 글자가 보이려면 여백이 있어야 하 고, 밤하늘의 별이 보이려면 까만 밤하늘이 있어야 한다고. 나의 그 곳을 함께 공유하고 싶다.

업계에서는 10년 전 탈모인구는 10명 중 1명이었지만 지금은 5명 중 한 명이라는 말을 한다. 많아졌다. 고객님들께선 탈모가 되고 나서 왠지 위축되는 본인의 모습에도 짜증나지만 그것보다 사람들의 시선을 견디기가 힘들다고 이야기 하신다. 이런 말을 들을 때마다 인간적인 안쓰러움과 탈모를 우스개로 이야기하는 현 사회풍습에 대해 나 역시 화가 나기도 한다.

남을 해한 것도 아니고, 남을 울린 것도 아닌데 머리카락이 빠짐이 이렇게 무시당하는 듯한 마음이 들게 해도 될 일인가? 이렇게 자괴감을 줄 일인가? 그들의 숨기고 싶어하는 심리를 잘 아는 내가 어떻게 하면 작은 밀알이 되어 모든 사람들에게 탈모는 자연스러운 현상이고, 또 그런 탈모현상을 그저 당연한 인체의 자연현상이라고 인식하도록 할 수 있을까? 그들의 아픔, 그들의 위축 앞에 난 그저 바라볼 수밖에 없지만, 다가오는 미래엔 탈모현상을 지금의 음지쪽이 아닌 양지에서 편안하게 바라보는 걸 소망한다.

하지만 지금과 같은 사회풍토에서 그런 날들을 기대할 순 있을까? 하지만 그런 날들이 오리라는 가느다란 희망에서 시작된 마음이기에 그런 날들이 더디게 오더라도, 그 더딤 때문에 그들이 선택하는 가발이든, 모발 이식이든, 문신이든, 그냥 견디는 쪽이든… 그들의 위축되는 마음을 이해하는 넓은 마음으로 그들의 선택을 존중하는 마음으로 바라봐 주면 좋겠다.

그리고 나의 고객님들께서도, 하루하루 버텨내는 자랑스러운 본인을 더 이상 사람들의 시선 때문에 무기력하게 바라보지는 않았으면 한다. 본인이 원하는 것에 초점을 맞춰 선택할 수 있는 상황들과 그리고 그 선택으로 조금 더 풍요로운 생활로 이어짐에 감사하면 좋겠다.

나의 이런 바람과 희망이 현실이 되는 미래엔, 각자의 선택들을 묵묵히 응원해주는 고양된 그런 날들이 오길 진심으로 바라본다.

가발하세요!
가발의 인식의 변화를 꿈꾸며···

며칠 전 일이다. 위드 코로나 소식과 함께 강의가 확정되어, 오랜만에 밤 나들이를 했다. 강의는 순조로웠고, 강의가 끝나자 임원진이 다과상이 마련되었다고, 자리를 안내했다. 늦게 도착하면 아파트 주차 자리가 없는데, 집으로 갈지 말지 고민하다 보니 어찌저찌 자리를 함께하게 되었다.

너도 나도 명함을 주며, 무얼 하는지 물어왔다. 나는 '가발업'에 종사한다고 말하며, 한층 부드러워진 분위기에 주차걱정은 이미 저만치 날려보낸 상태로 항상 우리 기수의 안녕과 번영을 말씀하시는 임원대표님의 인사말을 듣고 있었다.

그러던 중 대표님의 머리카락이 적은 것을 보고 함께 계신 다수의 분들이 나를 위해서인지, 대표님을 위해서인지, 아니면 양쪽을 다 위하는 마음으로 그러는지 "여기 가발하시는 분 있어요."라며 많은 사람들이 있는 자리에서, 그렇게 해맑은 웃음과 함께 나를 가리키는 것이었다.

여기까지 읽고, 지금 이 글을 읽는 독자분의 표정이 궁금해진다. 그 자리에 함께한 분들과 같은 약간 웃음기 섞인 표정일까? 아님 그냥 가벼운 유머로 받아들일까? 아님 이도저도 아니게 예민하게 왜들 그래? 이런 마음일까 정말 궁금하다. 하여튼 그 소리를 들은 대표님은 약간의 다운된 목소리로, "저는 지금의 내 모습이 좋습니다."라고 말하였고, 그 말과 함께 어색한 분위기의 무안함은 나의 몫이 되었다.

나의 성격을 간략하게 말해본다면, 필요한 물건을 구매하러 갈때, 구매자가 "왕이다."라는 생각은 한 번도 해 본적이 없고, 본질에 충실하게 좋은 제품 자체에 의미를 두어, 좋은 물건 구매해서 좋고, 좋은 물건 팔아서 좋다는 생각을 가진 사람인지라, 어디 가서 머리(?) 없는 분이 혹 아는 분이라 할지라도, 자랑이지만, 프로페셔널하게 일을 즐기는 타입이다.

영업을 하지 않아도 늘 고객은 많았다. 따라서 누구에게 가발을 권해볼까 하는 생각은 해 본적 없고, 필요한 인연이 되어 찾아오는 분들에게만 내가 쌓아온 세월의 노하우와 연구로 더해진 완성도 높은 실력으로 보답하였다.

그 세월 어느 즈음에선 어떤 연유에서든 흘렸던 눈물들과, 당연히 흘렸을 땀의 값으로 고객님들에게 변화된 이미지와 매력을 더해드리고 싶은 마음으로 하루하루를 자부심을 가지고 지내는 나에게 그날의 사건은 어떻게 소화를 시켜야 될지 몰라 당황스러웠다.

　늦은 밤 뒤척이다. 곰곰이 생각을 해보니, 다른 장이 펼쳐지는 게 아닌가? 누구나 콤플렉스는 있다. 나도 있다. 지금은 옅어진 기미지만 기미가 한창일 때 업체 대표님들과 식사자리가 있었는데, 나름 잘 가렸다고, 생각하고, 인사를 나누고 있는데, 주인분이 나를 생각해서인지? 본인이 말이 하고 싶었는지? 알 수 없지만 "에구 ~기미만 없어지면 예쁘겠는데, 화장품 소개해 줄까요?" 하는게 아닌가~ 헐, 참… 이런… 화를 낼 수도 없는 자리라 달궈진 얼굴로 밥을 먹었는데, 어떻게 시간은 갔는지. 돌아오는 길에 얼마나 씩씩거렸던지… 아니 그렇게 안타까우면 불러내서 말하던가. 다 있는데서 애써 가린 기미를 왜 들춰내서… 그분의 알 수 없는 배려(?)로 쥐구멍을 찾던 그날의 일이 생각나면서 '아 ~그럴 수도 있겠구나' 나름 대표님도 그날의 나와 같은 그런 상황이지 않았을까? 라는 생각이 들었고, 추천해 주신 분들의 해맑음은 그저 말 그대로 순수하게 의도 없이 말하였던 것 같다.
　결론은 희화화된 가발이라는 인식에 기초해서 일어난 일이었구나! 내 나름대로 정리가 되었다.

　자존감, 자신감이 높아도, 누구나 약간의 콤플렉스는 있다. 물어보지 않았는데, 친분이 깊다 하여도, 상대방에 대해 말할 땐 조금은 조심스럽게 말하는 게 각자의 삶을 존중하며 살아가는 동시대의 우리가 지녀야 할 참다운 배려가 아닐까 싶다. 그리고 그날의 일은 탈모 해결책 중에 가성비, 가심비까지 잡는, 멋진 품목인 가발이, 안경처럼 생활 깊숙이 자리한 가발의 인식을 올릴 수 있는 길은 없을까를 자문하는 계기가 되었다.

가발업에 종사하는 내가 할 수 있는 최선인 어느 연령층이 오든 고객님들의 이미지를 최신 트랜드에서 편안한 모습까지 바꿔드리는 일에 열중하다 보면, 언젠가 인식의 변화가 있을 그날이 조금이라도 당겨져서, 꼭 필요한 분이라 느껴지면, "가발하세요!!"라며 내가 권하는 날이 오지 않을까 싶다. 생각만 해도 기분 좋은 일이다.

의식의 변화가 있을 그날이 당겨져서,
"가발하세요!!"가 자연스러운 날이 되지 않을까 상상해본다.

가발 스타일리스트의 예리한 눈

    예리한 사람들은 단번에 알아차린다. 스타일리스트의 매의 눈을 속일 수가 없다. 백종원 같은 경우 이른 탈모진행으로 가발을 빨리 착용했기에 누구도, 탈모인 머리였다는 것을 알아차리지 못했을 것이다.

    그러나 TV-마이리틀 텔레비전에 나왔을 때의 모습을 보면 윗머리가 붕 떠있고, 아랫 머리층이 부자연스럽게 나누어져 있다. 아무 생각 없이 보면 모르겠지만 가발이라고 생각하면 가발처럼 보이기도 한다. 평소에는 자연스러워서 알아채지 못했는데 다른 방향으로 면밀히 보면 부분가발을 쓴 것 같다. 물론 머리손질을 어떻게 하느냐에 따라 혹은 어떤 쪽에서 사진을 찍느냐에 따라 부자연스럽게 찍힐 수도 있다. 하지만 인터넷 떠도는 공개된 과거 사진을 보면 그의 젊은 시절 사진을 보고 탈모된 시기를 점쳐봤을 때 뒷 주변 머리를 제외한 나머지는 없다고 유추되어진다.

    현재는 본인과 어울리는 파마머리 스타일로 그의 푸근하고 온화

한 이미지를 잘 살려줬다. 이렇게 가발을 착용해야 할 목적이 있는 사람들, 직업특성상 나이가 들어보여야 하거나, 또는 사회적 지위가 있는 분들은 이미지에 맞게 스타일 변신 또는 이미지 변신이 가능하다.

이제는 가발을 착용한 것을 부끄러워하지 않고
가발 착용한 모습이 멋지거나 이쁘면 된다라는 쪽으로
인식이 바뀌고 있음을 연예인들을 통해서도 알 수 있다.

향후 탈모약 개발

많은 제약사들이 탈모시장에 많은 관심을 가지고 투자하고 있고 좋은 결과들이 많이 나오고 있다고 하니 희망의 끈을 놓치지 않으셨으면 좋겠다. 탈모약개발(발표 후 제약사들마다 신약의 후보물질)이름이 비슷하나 맥락이 대부분 일치하기 때문에 임상실험 속도와 임상실험결과에 따른다.

발표에 따르면 면역체계에 이상을 느낀 면역세포들이 모낭을 공격하여 원형탈모의 주된 원인인 자가면역 질환을 치료해서 모발이 다시 자라나게 한다고 한다. 면역반응으로 활성화가 이루어지는 물질을 억제함으로써 탈모를 치료하는 방식이라고 한다.

지금까지의 연구는 원형탈모치료에 중점을 두고 있기에 M자 탈모는 아직까지 미지수이다. 부작용을 호소하는 참가자는 약 5%로 미만으로 그 중 두통과 여드름 같은 가벼운 증상을 보였다고 한다.

향후 500여 명의 탈모환자들을 대상으로 3차 임상실험을 진행 뒤 미국식약처 승인을 신청할 계획이라고 한다. 모발사진이 공개되자 진위여부를 두고 갑론을박을 펼쳐졌다.

탈모약은 증상을 개선시키기보다 꾸준히 약을 사용하여 과거와 똑같이는 돌아가지 못하더라도, 악화되는 것을 반영구적으로 억제하여 질병을 개선하는 것이다. 약을 장기간 복용하는 것이 부담스럽게 느껴지더라도 사람들은 다른 선택여지가 없으니까 어쩔 수 없이 장기간 약 복용을 선택할 수밖에 없을 것이다.

탈모 방지 샴푸 효과가 있을까?

국내 한 신문은 2022년 9월 20일 "1천만 탈모인 이 샴푸에 속았다?"라는 제목의 기사에서 국내 시중에 유통중인 탈모 증상완화 기능성 샴푸 대부분이 허위, 과대광고가 심각한 것으로 조사되었다는 내용을 실었다.

시민단체인 소비자주권 시민회의에서 2022년 9월 19일 온라인 쇼핑몰을 통해 유통되는 53개 탈모증상완화기능성 샴푸의 광고 내용을 조사한 결과를 발표했는데 모든 제품이 허위, 과대광고를 하고 있다는 것이었다.

25개 제품(47%)은 '탈락 모발수 감소'라는 표현을 강조했고, 20개 제품 (38%)은 증모, 발모, 양모 모발성장, 생장촉진, 밀도증가 등을 기재해 탈모 치료가 가능한 것처럼 허위광고하고 있었다고 한다.

14개(26%)제품은 탈모방지와 탈모예방이 기재돼 샴푸 사용만으로 질병 예방이 가능한 것처럼 광고했다. 이밖에도 탈모치료 탈모개선, 항염효과, 모근강화 등 허위 과대광고가 빈번했다고 한다. 사용 후기 등 체험내용을 활용해 교묘히 허위, 과대 광고하는 제품도 21개에 달했다고도 한다. 해당 샴푸들은 의약외품이나 의약품이 아닌 기능성 화장품으로 분류된다는 것이다. 탈모샴푸는 식약처에 고시된 탈모방지 기능성성분(나이아신아마이드. 덱스판테놀, 비오틴, 엘-멘톨, 살리실릭애씨드, 징크페리치온등)이 일정 함량이상 들어가고 제품 규격 및 제조과정이 규정에 적합할 경우 허가를 받을 수 있는데 실제 해당 성분이 탈모완화에 도움이 되는지 조차 입증된 바는 없다고 한다.

이 기사를 조금 더 인용하자면, 소비자주권시민회의는 "이 성분이 함유된 것 역시 허가를 위한 기준일 뿐 효과 측면에서 증명된 것은 없다"며 식약처도 해당 성분이 들어갔다고 해서 의약외품, 의약품처럼 예방 또는 치료 효과를 기대할 수 없다고 명확히 밝히고 있다고 지적했다고 한다.

https://www.sedaily.com/NewsView/26B5ARKEA7

위의 기사를 보고 또 평소 내가 탈모 방지 샴푸를 바라보며 해온 생각은 이것이다. 안 해본 게 없는 고객님들을 많이본다. 지금도 그런 분들이 많이 계시다. 두피라고 표현하기보다 살이라는 표현이 더 어울릴 법한 고객님들. 그러나 희망의 끈을 놓지 못하고 행하는 그 눈물겨운 정성에 절로 고개가 숙여진다.

예전엔 그러는 모습이 안타까워 머리카락이 안 나는 줄 알면서도 희망이라도 주고 싶어 "한번 사용해 보세요." 했던 적도 있었다. 그러나 각종 용품에 당하고 당한 고객님들을 바라보면서 언제가 부터는 한마디로 "안 납니다. 샴푸로 머리 나는 건 없습니다."라고 말하며 희망의 싹을 아예 처음부터 자르고 있다.

그래도 혹시나 하고 10~20만 원이 넘는 비싼 탈모샴푸를 사용하길 마다 않으시면서도 마음 고생은 마음 고생 대로 하시는 우리 고객님들의 보면 안쓰럽기 그지없다. 그들의 머리카락을 향한 집념 만큼 머리카락이 붙어있어 주면 오죽 좋을까. 있을 때 관리 좀 하시지 싶으면서도 왠지 짠한 두 가지 마음 사이를 왔다갔다 한다. 솜털 이라도 보일라 치면 이제 머리카락이 나는가 보다며 좋아하시는 모습도 잠시 시간이 지나면 실망하고 또 실망을 거듭하시며 상처는 깊어만 간다.

탈모약 개발하면 대박이라고 말하는 말에는 과학적인 근거라도 있으니 희망이라도 있지 과연 허위, 과대 광고만 난무하는 샴푸를 어찌 믿는다는 말인가? 그저 각자에게 맞는 두피샴푸로 꾸준히 사용함으로써 탈모예방에 최선을 다하고 있다는 긍정적인 마음가짐을 가질 때 혹 아는가, 머리카락이 새로 날는지?

집 옆에 산이 자리 잡고 있어서, 계절의 변화를 만끽할 수 있음에 감사함이 느껴지는 가을입니다.

늦봄에 시작한 글쓰기가 지금은 가을의 초입에 들어서 아침마다 바라보는 내 정원(앞산)의 은행잎이 노란색으로 갈아입을 준비를 하고 있습니다. 가을소리는 더욱 크게 들리는 듯 하고, 길게 늘어진 듯 한 그늘빛과 한 뼘쯤 내려간 듯한 햇살에도 가을이 서성대고 있는 것만 같습니다. 마음은 벌써 가을 마중에 분주하고 그런 작은 설렘에 기분이 좋습니다. 코로나 휴유증으로 아직도 기침을 하고 있어 몸 상태가 메롱이지만 눈으로 바라보는 풍경들로 행복한 기분마저 드는 요즈음입니다. 내 성격을 한마디로 말하면 '깔끔하다'고 표현하고 싶습니다. 나를 잘 모르는 분들은 호불호가 분명해 '화끈하다'라고들 하시지만 내 생각에 화끈하다와 깔끔하다는 말은 많이 다른 것 같습니다. 화끈하다는 '처음'처럼 느껴지고 깔끔하다는 '마지막'처럼 느껴지게 하는 말인 것 같기 때문입니다.

나는 깔끔함이 있는 내 성격이 좋습니다. 진인사대천명! 사람이

할 수 있는 일을 다하고 하늘의 뜻을 기다린다는 한자성어, 얼마나 깔끔한 말입니까? 이 한자성어는 나의 아이덴티티를 잘 설명할 수 있는 말입니다. 나의 가치관을 담고 있는 말이기 때문입니다.

깔끔한 성격 탓에 남에게 아쉬운 소리도 못하고 살지만 그래서 그런지 사람에게도, 물건에게도 내가 할 수 있는 '최선'만 다하고 살아갑니다.

나의 믿음 중에 하나로 "세상은 우주의 원리로 돌아간다."가 있습니다. 내가 어떤 사람에게 잘 했다고 해서 반드시 그 사람에게 되돌려 받는 게 아니라 다른 사람에게 받을 수도 있다고 생각합니다. 이것이 우주의 원리입니다. 그러니 우주는 정확합니다. 빈틈이 없습니다. 그러니 당장에 나에게 득이 되지 않는다고 해서 속상해할 필요도 억울해 할 필요도 없습니다. 어떤 식으로든 돌아올 건 돌아오고, 돌아갈 건 돌아가는 것이니 우리가 할 수 있는 건 깔끔함이 있는 최선뿐입니다. 깔끔함이 있는 최선이란 결과보다 과정에, 무엇을 하든 이왕이면 나누고 설혹 억울한 상황이라 하더라도, 거기서 좋(?)낼 수 있는 자신감과 남의 말을 하지 않은 자긍심으로 순간순간 최선만 다하는 것입니다.

항상 생각하지만 상황을 바꿀 수 있는 건 지금의 내 관점, 지금의 내 생각으로 만들어진 내 선택뿐이라고 생각합니다. 그리고 내가 살아오면서 가지려고 원하고 노력했던 덕목의 첫째는 배려였습니다.

배려는 센스이고, 자존감의 베이스이며, 사람에 대한 존중입니다. 혹자들은 A형의 배려를 소심함으로 깎아내리고 그 예쁜 마음을 무시하기도 합니다. 물론 지나친 배려로 상대방을 부담스럽게 만드는 경우도 있지만, 기본적으로 배려는 존중에서 나오는 인간의 사랑이 깃든 마음이라고 생각합니다.

기본적으로 좋은 사람들에겐 보여주는 나의 감사함이 깃든 시크함에 친한 지인은 "언니의 배려는 좀 다른 것 같아요."라고 말하기도 하는데 생색내기 싫어하는 내 성격의 한 부분 같아서 그 말이 듣기 좋습니다. 앞으로도 상대방을 배려하고, 또 배려 받으며 좋은 분들과 같은 방향을 보며 살아가고 싶습니다.

　글을 마치며, 사랑하는 사람들을 생각해 봅니다.

　매일 새벽마다 나를 위해 기도해주시는 나의 엄마. 어린 시절 또
다른 나의 엄마였던, 그리고 지금은 꿈속에서조차 나를 도와주시는
할머니. 나와 같은 가치관으로 같은 방향을 걸어가고 있는 나의 든
든한 친구 현주, 화영 그리고 자매들의 담담한 응원. 마지막으로 내
인생의 가장 큰 선물인 나의 아들 수호. 당신들의 기쁨과 평안을 기
도하며…